博弈入门

在谈判中收获更多的
86 个博弈技巧

邹家峰·著

中国纺织出版社有限公司

内 容 提 要

经济学家保罗·萨缪尔森曾说："要想在现代社会里做一个有文化的人，你就必须对博弈论有一个大致的了解。"博弈是互动决策论，不是一个人的游戏，因为我们的行为会直接影响到对方的反应和决策。想要在有形或无形的谈判桌上获益更多，你争我夺、赢家通吃的做法并不理性，也无法实现目标，我们要学会分析和预测对方的想法和行为，在错综复杂的局势中找到最合理的策略。本书采用深入浅出、通俗易懂的方式对博弈论进行阐述，结合生活化的案例，帮助读者朋友了解最基本的博弈思维，以及简单实用的博弈策略，让读者学会换位思考，理性决策。

图书在版编目（CIP）数据

博弈入门：在谈判中收获更多的86个博弈技巧／邹家峰著. —北京：中国纺织出版社有限公司，2021.8（2024.5重印）
ISBN 978-7-5180-8576-7

Ⅰ．①博… Ⅱ．①邹… Ⅲ．①博弈论—普及读物
Ⅳ．①O225-49

中国版本图书馆CIP数据核字（2021）第098210号

责任编辑：郝珊珊　　责任校对：高　涵　　责任印制：储志伟

中国纺织出版社有限公司出版发行
地址：北京市朝阳区百子湾东里A407号楼　邮政编码：100124
销售电话：010—67004422　传真：010—87155801
http://www.c-textilep.com
中国纺织出版社天猫旗舰店
官方微博 http://weibo.com/2119887771
天津千鹤文化传播有限公司印刷　各地新华书店经销
2021年8月第1版　2024年5月第5次印刷
开本：880×1230　1/32　印张：6.5
字数：162千字　定价：48.00元

在普林斯顿大学的酒吧里，四个男生正在商量如何去追求一个漂亮的女孩。

正在读大学的纳什在脑子里琢磨："如果这四个男孩都去追那个漂亮女孩，女孩势必会摆起架子，不会理睬他们中的任何一个。当这几个男孩再去追别的女孩时，其他女孩也不会接受他们了，因为谁也不想做'次品'。可假如他们愿意先追求其他女孩，那个漂亮女孩就不会有很强的优越感，那时再追她就很容易了。"

当时的纳什，脑子里还没有清晰的"博弈论"思维，也还未提出"纳什均衡"，可他却用这件事诠释出了一个事实：生活处处皆博弈！

那么，博弈到底是什么呢？

博弈，最初指的是下棋，后来引申为在一定条件下，遵守一定的规则，一个或几个拥有绝对理性思维的人或团队，从各自允许选择的行为或策略中进行选择并加以实施，并各自取得相应结果或收益的过程。

我们每天都生活在有形或无形的谈判桌前，无论是面对上司、下属、生意伙伴，还是面对亲戚、朋友、爱人、孩子，我们的行为都会影响到他们，同样他们也可能对我们的行为做出反应。正因为博弈不是一个人的游戏，所以说话做事不能只考虑自己的立场和利益，还要分析和预测对方的想法和行为，在错综复杂的局势中找到最合理的策略。

本书采用深入浅出、通俗易懂的方式对博弈论进行阐述，结合生活中的案例，帮助读者朋友了解最基本的博弈思维与简单的实用策略，使读者在生活或职场中不再凭借感性思维盲目决策，而是逐渐学会换位思考，培养出策略思维，在人生的各类博弈中扩大胜面。

目录
Contents

Chapter3　洞悉人心：抢占人际博弈的制高点　→ 059

Chapter8　知进明退：及时止损也是一种赢　→ 183

Chapter1

互利共赢：博弈不是

一个人的游戏

🦌 01 | 博弈是互动决策论，不要无视对手玩家的存在

诺贝尔经济学奖得主奥曼在《新帕尔格雷夫经济学大辞典》中，对"博弈论"词条的论述十分精辟，他认为，博弈论较具描述性的名称应当是"互动决策论"，因为人与人间的决策与行为会形成互为影响的关系，一个主体做决策时必须考虑对方的反应。

无论是生活中的日常沟通，还是商业中的业务洽谈，都难免牵涉利益纠纷。在面对种种纠纷时，每一方都渴望争取自身利益的最大化，都会选择有利于自己的策略。只是，这样的选择往往带不来最好的结果，因为博弈是互动决策论，你不能无视对手玩家的存在。

当两者处于合作关系时，双方都希望自己能够获得更多的利益，这是人之常情。但我们应该知道，合作的过程需要双方做出妥协和让步，保证步调一致，才能实现利益的最大化。如果一方过于看重自己的利益，那么另一方也会采取同样的策略。最常见的例子就是，一方希望投入最小的成本来获取最大的利益，可一旦他真的这样做了，对方也可能会这样做。最后，谁都不愿意投入和付出，整体的利益必然会减少，以至于两败俱伤。

当两者处于竞争关系，在制定策略的时候，必然会以提升自己的利益、削弱对方的利益为主要目的。当一方费尽心思从对手那里获益时，对方也会产生同样的想法，甚至采用雷同的策略，结果导致每一方都采用最能消耗对方利益的策略，依然是两败俱伤。

　　就算不是合作或竞争关系，只是日常就某个问题进行沟通，也可能会因为身份地位、看待问题的角度不同，而在各自的选择上产生一些冲突。比如：夫妻两人吵架了，妻子选择用冷战的策略试图让丈夫向自己认错，而丈夫却因为妻子的冷战认为她不可理喻，也选择了用同样的方式回应。这样一来，妻子没有实现预期的目的，而丈夫对妻子的不满也增加了。丈夫心里想的是，如果妻子选择用温和的方式沟通，那么他是愿意主动道歉的，哪怕引起争吵不都是自己的错，他也乐于"让着"妻子。

　　看到这里，想必大家也认识到了一个事实：每个博弈者在决定采取何种行动时，不能只选择对自己有利、能够满足自己需求的策略，还要考虑自己的决策行为可能对另一方造成的影响。任何人都不是孤立存在的，都会与身边的其他人产生或多或少的联系，这些联系通常都是相互作用的结果。如果我们能够认识到这一点，在沟通和谈判时就不会只考虑到个人的利益和目的，因为我们设想的是一种理想状态，而对方却未必会如我们所愿。

🦌 02 | 个体做出的最好选择，可能会毁了整体的利益

　　当个人决策与他人决策相互影响时，往往就会陷入选择困境。

　　1950年，担任斯坦福大学客座教授的数学家艾伯特·塔克在给一些心理学家讲演完全信息静态博弈问题时，利用两个犯罪嫌疑

人的故事构造了一个博弈模型，即"囚徒困境"。

这个博弈设计如下所述。某地发生一起盗窃案，警察抓获两名嫌疑犯：一个胖子和一个瘦子。警察心知肚明，这两个人就是案件的始作俑者，只是没有证据给两人定罪，只好想办法让他们主动交代。警察将两名嫌疑犯分别关押，告诉他们坦白从宽的政策：如果两人同时坦白，每人入狱3年；如果都不说，每人入狱1年；如果一个说了，一个没说，抵赖者入狱5年，坦白者可以直接回家，免受牢狱之苦。

你猜，两个人会做出怎样的选择？或者，若你是其中一人，你会怎么想？

现实的结果是：胖子和瘦子都坦白了，两人各被判刑3年。

原因很简单，对胖子来讲，如果瘦子说了，自己也说了，自己将入狱3年；如果瘦子说了，自己没说，自己将入狱5年。这样一想，不坦白就不太合算。如果瘦子不说，自己说了，自己会被释放，但瘦子真的不会说吗？他不太敢相信。于是，就形成了这样一个局面：

A——如果对方沉默，背叛能让我获释，所以会选择坦白。

B——如果对方背叛而指控我，我也要指控他，才能得到最低的刑期，所以还得选择坦白。

　　胖子和瘦子面临的情况是一样的，两个人依据理性思考，最终都会选择坦白。这是两种策略中的支配性策略，也是这场博弈唯一能够达到的平衡。在囚徒困境中，每一方都只会选择对自己最有利的策略，而不会顾及其他对手的利益和社会效益。对两名盗窃犯来说，都选择拒绝招供才是真正的最佳策略，但没有人会主动改变自己的策略以便让双方获得最大利益，因为这种改变会给自己带来不可预料的风险，即万一对方没有改变策略呢？

　　囚徒困境带给我们的启示是：个体的理性会导致双方得到的比可能得到的少。当个体做出有利于自己的"理性"选择时，结果却是整体的非理性。当个人理性和集体理性发生冲突时，如果每个人都以利己的目的为出发点，结果必然是对所有人都没有好处。

🦌 03｜共同遵守游戏规则，避免共同背叛的恶果

　　生活中，每个人都可能变成囚徒，也总会遇到这样那样的困境。有没有什么办法，能让囚徒的结局变得美好一点儿？或者说，能否找到一个对博弈双方都合理而有利的策略？

　　还记得《红楼梦》里是如何形容四大家族的吗？就八个字，"一荣俱荣，一损俱损"。这四个家族是你中有我、我中有你，结成了一个牢固的联盟。倘若两个同时处于困境中的人也能有这样的关

系，那么两者的合力就会更大，正所谓"兄弟同心，其利断金"。

如何做到"同心"呢？最简单的办法，就是共同遵守游戏规则。

新西兰的报刊亭既没有管理员也不上锁，买报纸的人都是自觉放下钱后拿走报纸。当然，某些人可能取走了报纸却不付钱（背叛），但大家心里都清楚，如果每个人都偷窃报纸（共同背叛），会给今后的生活带来极大的不便，所以这种情况极少发生。

这就是一个共同遵守游戏规则的典范，人们守规则的目的，就是为了避免共同背叛带来的恶果。这也是脱离囚徒困境的方法之一，要求每个人都保持理性的头脑和诚实的品行。

要成功摆脱囚徒困境，罗伯特·阿克塞尔罗德罗列出这样几项必要条件：

·条件1：善良。这是非常重要的一个条件，就是不要在对手背叛自己之前先打击对手。

·条件2：报复。听起来似乎有点矛盾，但他主张的是，成功者必须不是一个盲目的乐观者。对于对方的背叛行为一定要报复，不能总是合作，也就是"可激怒的"。

·条件3：宽容。在报复对方后要宽容对方，只要对方合作，你就合作，这有助于双方重新恢复合作。

·条件4：不嫉妒。不去争取得到高于对手的利益。

听起来似乎有点儿过于理想化了，是吗？事实上，这也并非不可能实现。

1944年的圣诞夜，两个迷路的美国大兵拖着一个受伤的战友在风雪中敲响了德国西南边境亚尔丁森林中的一栋小木屋的门。小屋的主人是一位善良的德国女人，她轻轻地拉开了门上的插销。

家的温暖慢慢地融化着三个又冷又饿的美国大兵。女主人有条不紊地准备圣诞晚餐，没有丝毫的不安和惊恐，也没有丝毫的警惕和敌意。她相信自己的直觉：他们只是战场上的敌人，不是生活中的坏人。美国大兵静静地坐在炉边烤火，屋子里除了燃烧的木柴发出的声音，安静得几乎能听到雪花落地的声音。

就在这时，门又一次被敲响了。来者不是送祝福和礼物的圣诞老人，而是同样疲惫不堪的四个德国士兵。女主人告诉她的同胞，家里有几位特殊的客人，今晚在这栋小木屋里，要么发生一场惨烈的屠杀，要么所有人共同享受可口的晚餐。在女主人的授意下，德国士兵们垂下枪口，鱼贯进入小木屋，顺从地把枪放在墙角。

这或许是"二战"史上最特别的一幕场景了。一名德国士兵慢慢蹲下身，为一位年轻的美国士兵检查腿上的伤口，而后转过头向自己的上司急速地说着什么。人性中的善良与温情，带给了他们美好的感受，没有人担心对方会把自己变成邀功请赏的俘虏。

第二天，从睡梦中醒来的士兵们，在同一张地图上指点着，寻找着回各自阵营的最佳路线。然后，他们握手告别，沿着相反的方向，消失在茫茫无际的雪原中。

在战场上，美国士兵和德国士兵是死敌，可在客观条件的影响下，他们都陷入了困境。庆幸的是，木屋的女主人很睿智，与两国的士兵一起建立了和谐的关系，并最终一起走出了困境。这再一次提醒我们：人与人之间关系的不友善，往往是因为彼此都只考虑自己的利益。陷入困境时，若能摒弃自私的心理，共同合作，便能实现利益最大化。

生活是复杂的，困境也是多种多样的，甚至会超出我们的想象。可万变不离其宗，既然要玩游戏，就得遵守游戏规则。为了不闹到两败俱伤的地步，深谙"一荣俱荣，一损俱损"的道理，选择相互信任、相互依赖，才是理智之举。

🦌 04 | 很多失败不是因为太傻，而是因为自作聪明

陷入困境的那一刻，谁都希望有一个万全之策，能够帮助自己顺利地摆脱麻烦。可现实终究不是乌托邦，且不说万全之策是否能找到，即便真的存在，也未必有充足的时间去思考。若必须在短时间内做出抉择，我们要怎么做才好？

看过司马光砸缸的故事吧？孩子们一起玩耍，有人不慎掉进了水缸，司马刚情急之下就把水缸砸了，救了那个孩子的命。单说砸破了水缸这件事，肯定会挨骂的，可相比砸缸的这个祸来说，淹死人是更

大的祸，权衡一下，自然应该砸缸救人。正所谓：两害相权取其轻。

道理很简单，可我们的头脑却并非时时都清醒，有些人总是趋害避利，也有些人极力求全，这些想法都是不理智的。在困境之下，我们不可能什么都保全，牺牲和舍弃是必然的，唯一的区别就在于舍谁留谁。

两个学生都在杜克大学修化学课程，且成绩都很优异。期末考试前的那个周末，他们自信地去参加了弗吉尼亚大学的一场聚会。由于玩得太开心，周一早上睡过了头，来不及准备上午的化学期末考试。

最后，他们没有参加考试，还向教授撒谎说，车轮胎在从弗吉尼亚大学回来的路上爆了，由于没有备胎，他们只好在原地等待救援。现在，他们精疲力竭，请求教授安排他们隔天补考。教授想了想，同意了。

两人利用一晚上的时间精心地准备了一番，自信地参加周二上午的补考。教授安排他们分别在两间教室作答。第一道题在试卷第一页，占10分，非常简单，两个人都写出了正确答案，自信地翻到第二页。第二页只有一道题，占90分，题目是："请问爆的是哪只轮胎？"结果，两个学生在卷子上都主动向教授承认自己撒谎并做了检讨。

教授制造了一个困境，委婉地揭穿了两个学生的谎言。两个学生也很聪明，在做第二道题时，他们肯定在心里进行了一番博弈，最终选择坦白。毕竟，之前他们没有协商过，两个人选同一个轮胎的概率只有25%，与其冒着继续撒谎被拆穿的危险，倒不如老老实实地承认错误，这就是"两害相权取其轻"。

很多时候，失败不是因为不够聪明，而是因为自作聪明。在面对失误的时候，你觉得自己说的谎言滴水不漏，但别忘了囚徒困境中还有警察的角色，他也许早就知道了真相。在一个比自己高明的人面前，自作聪明是最愚蠢的，它不会给你带来半点好处。选择如实地交代，虽不是最佳的策略，但至少可以避免最糟糕的结局。

🦌 05 | 巧妙利用圈子，双边博弈可以变成多边博弈

面对囚徒困境时，如果囚徒选择联手，建立攻守同盟，那就不会走向两败俱伤的结局。但是别忘了，这里面还有警察的角色，囚徒联手对他们而言是不利的，很难轻松地获得口供。那么，警察该怎样避免不利局面呢？延伸来说，如何在生活或工作中有效解决下属或其他人不合作的问题呢？

古罗马军队对于那些进攻中的落后者，一律处以死刑。按照这个规定，军队排成直线向前推进的时候，任何士兵只要发现自己身边的士兵落后，就要立刻将其处死。为了让这个规定显得可信，未

能处死临阵脱逃者的士兵，也同样会被判处死刑。

这一策略精神，后来被西点军校纳入荣誉准则中。我们都知道，西点军校的考试是无人监考的，作弊属于重大过失，作弊者会立刻被开除。然而，作为同学来说，没有人愿意告发自己的同窗。为此，西点军校又规定，发现作弊而未及时告发的人，同样也违反了荣誉准则，以开除处理。谁愿意拿自己的学业前途冒险呢？所以，一旦发现有人违反荣誉准则，学生们就会举报，他们不想因为保持沉默而变成作弊者的包庇者。

这两个例子都给出了一些启示：个人在独立行事的时候，往往会显得势单力薄，但如果能巧妙地利用圈子，采取一个强有力的策略，就可以把双边博弈变成多边博弈。这个圈子中强有力的监督和惩罚体系，会迫使每个人都遵守道德。一旦他违背了，身边的人就会惩罚他。为了共同的利益，圈子中的每个人都会充当惩罚者。

对囚徒困境中的警察来说，制造某种强大的压力，迫使囚徒合作，对任何一方都是有效的。我们在日常生活、工作乃至商业合作中，也可以借鉴，毕竟在一个共同的圈子里，名誉是很重要的，谁也不愿意破坏自己的名声。比如，甲方向你借用了十万元，他与丙方也有长期合作。如果甲方不如期还款，让丙方知道甲方不守信用，那么丙方与甲方今后的合作多半都会终止。为了能保持稳定的合作，不断了自己的后路，甲方一定会选择信守承诺。

🦌 06 | 把对方逼得无利可图，你也会一无所有

如果有机会的话，人总是想得到更多的，拥有更好的。在博弈论中，理性的人都精于算计，但聪明过头往往什么也得不到。一个人过于关注自身利益的时候，就会忽视其他构成利益的因素；当其他必要条件不具备时，再好的想法和计划，也会化为泡影。

这就是经济学家考希克·巴苏教授提出的"旅行者的困境"，它讲的是一种非零和博弈：博弈双方都是为了让自身利益最大化，而不考虑对方的收益。我们不妨一起看看这个经典案例。

在某航空公司，两位旅客丢了自己的旅行包，两人互不相识，但丢失的包一样，且里面都装有价值相同的花瓶。两位乘客向航空公司索赔，要求赔偿1000美元。

为了评估花瓶的真实价格，航空公司的负责人将两位旅客分开，让他们各自写下花瓶的价格，其金额不高于1000美元。同时，负责人还告诉两位旅客：如果两个数字是一样的，会被认定为花瓶真实的价格，他们也将获得相应的赔偿；如果数字不同，写下较小金额者会获得200美元的额外奖励，而较大的则会有200美元的惩罚。这对于两位旅行者来说，就变得复杂了。他们在琢磨一个问题：谁报价低，谁就能得到200美元的奖励。

A决定报价879美元，虽然这个价格比购买价888美元要低，可若加上200美元的奖励，就是1079美元，还是有的赚。在出招之前，他又开始琢磨对方的心理：万一他知道了我的想法，那怎么办呢？越

想越谨慎，申报的价格也越来越低。

此时此刻，B的想法和A一样。最终，他们两人都把价格定在了689美元，想着申报这个价格，能得到200美元补助的话，刚好是889美元，比购买时多1美元。两人都以为自己想得够周全，可没料到，对方也是如此打算。

当航空公司负责人公开两人的申报价格时，A和B都蒙了。最终，航空公司只支付了1378美元的赔偿，精明的A和B每人损失了199美元。事实上，A和B本可以共同申报最高限额1000美元，这样两人就能各赚112美元，可惜他们都想成为"得到赔偿金最多的人"，相互算计着对方，结果把自己也算计进去了。

都说天才和疯子只有一步之遥，其实过度的理性和犯傻也只有一步之遥。过度的理性不符合现实，谁也不能算计出对手会在几十步之

后走哪一步棋。如果你根据自以为是的理性去算计出对手下面的每一步棋会如何走，并推导出现在自己该走哪一步棋，结局肯定是错的。

旅行者困境告诫我们：聪明能给人带来一定好处，但做人不能太精明，太精于算计，将自己完全凌驾于他人之上，或是完全漠视他人的利益，只顾着为自己攫取更多的利益。当你把对方逼得无利可图的时候，你也会一无所有。

🦌 07 | 赢家通吃的做法不理性，适当的时候要舍利

美国环球公司出品的电影《美丽心灵》曾荣获第 24 届奥斯卡四项大奖，这部电影让更多的人有机会认识数学天才约翰·纳什。实际上，约翰·纳什早就成名，他是 1994 年诺贝尔经济学奖得主，他的研究领域虽然侧重于数学和经济学，但他从囚徒困境发展出的"纳什均衡"理论，却为博弈学掀开了一个全新的篇章。

所谓纳什均衡，其实是一种博弈状态：对博弈参与者来说，对方选定一个策略，则我选择的某个策略一定比其他的策略好。我们可以这样理解，当博弈达到纳什均衡时，局中的每一个博弈者都不会因为自己单独改变策略而获益。

那么，这有何意义呢？纳什均衡带给我们的启示是：当自身的利益与他人的利益发生冲突时，要想办法对其进行协调。如果现实不允许我们最大限度地满足自己的利益，那就要退而求其次，总比双方都一无所获要强得多。你在这次博弈中所失去的，可能会在下一次博弈中获得补偿。反观囚徒困境的形成，与两个当事人都害怕吃亏有关。如果凡事都抱着这样的心态，不肯吃一点儿亏，往往最后会吃一个大亏；如果在适当的时候舍弃点儿小利，得到的也许会更多。

美国第九届总统威廉·哈里逊是从美国贫民窟里走出来的伟人。年少的时候，他家境贫寒，不知道是性格原因，还是受环境影响，哈里逊总是沉默寡言，一度被家乡的人认为是个傻孩子。

　　有人为了验证哈里逊是不是真的和看起来一样傻，就把一枚5美分的硬币和一枚1美元的硬币放在他面前让他挑选，说挑到哪个就送他哪个。哈里逊抬头看了看周围人的眼神，又低头看了看眼前这两枚分值不同的硬币，毫不犹豫地拿起那枚5美分的硬币。旁边的人看了，不禁哈哈大笑，说哈里逊真的是一个傻小孩。

　　哈里逊虽然看起来有些木讷，但很多人并不相信他真的傻，毕竟他不是一个没有判断能力的三岁孩子，更不是一个有明显智障行为的弱智儿，而是一个正在上着学的三年级学生。为了求证"哈里逊是傻小孩"论断的正确性，许多人都饶有兴致地用5美分和1美元的硬币做试验，让哈里逊当着他们的面挑选。然而，每一次哈里逊都是拿5美分的硬币。

　　一位好心的夫人见他很可怜，就把他叫到身边，问："哈里逊，老师在学校里没教过你认识硬币吗？你不知道5美分和1美元哪个更值钱吗？"哈里逊的回答让那位夫人大感意外："我当然知道，尊敬的夫人。可如果我拿了那枚1美元的硬币，他们就再也不会把硬币摆在我面前让我选了，那样的话，我连5美分也得不到。"

　　哈里逊的"傻"，实则是真聪明。就某一次局部合作而言，也许他的策略是吃亏的，但这样的选择给他带来了更大的好处。如此看来，吃点儿小亏也是值得的。相反，有些人只是看似"聪明"，处处算计着，生怕自己吃亏。他们忘了，别人也并不比自己傻，当对方看穿了你的心思，自然也就不会再陪你继续游戏了，到那个时候，你可能一无所得。

阿尔伯特·哈伯德在《双赢规则》中说过："聪明人都明白这样一个道理，帮助自己的唯一方法就是去帮助别人。帮助别人解惑，自己获得知识；帮助别人扫雪，自己的道路更宽广；帮助别人，也会得到别人友善的回报。"在一次博弈中给对方一点小便宜，多次博弈的结果就是让自己得到大便宜，双方都乐此不疲，这才是真正的智慧。

🦌 08 | 交往关系的重复，让自私的主体之间走向合作

无论是交朋友还是做生意，没有人愿意做"一锤子买卖"，因为每个人都对未来心存期待。如果是陌生人之间，很可能会在公交车上为了一个座位吵得面红耳赤；而在人群流动性较大的旅游景点，假货、欺诈发生的概率也很高，因为大家对未来的交往没什么预期。

这就说明了一个事实，对未来的预期会影响我们的行为。这种预期包括两方面：其一是预期收益，我这样做将来有什么好处；其二是预期风险，我这样做将来有什么麻烦。从博弈的角度来说，每一次人际交往都可以简化为两种基本选择：合作或者背叛。

不过，囚徒困境也告诉我们：明知道合作是双赢的，但理性的自私和信任的缺乏会导致合作难以实现。更重要的是，一次性的博弈必然会加剧双方"坦白"的决心，也就是选择相互背叛。背叛是个人的理性选择，带来的却是集体的非理性。

在这样的博弈中，想要逃脱两败俱伤，不定次数的重复博弈是一个解决策略。

所谓"重复博弈"，就是指博弈的重复进行。资深博弈论专家罗伯特·奥曼指出，人与人的长期交往是避免短期冲突、走向合作的重要机制；人与人交往关系的重复，可以让自私的主体之间走向合作。诺贝尔评奖委员会也曾评价说："'重复博弈'加强了我们对合作条件的理解：为什么在参与者越多、互动越不频繁、关系越不牢固、时间越短、信息越不透明的背景下合作越难维持？这些问题都能从重复博弈中得到启发，这些启发对于我们理解贸易战、价格战、公共产品管理效率等现实问题不无裨益。"

经过长期的博弈，理性的人会认识到，重复博弈是最好的选择，否则对大家都没有好处。当双方相互欺骗的行为减少了，诚信也就随之产生了。在与大型商业的合作中，信任是达成协议的前提，相信对方不会欺骗自己，从而实现双方的共赢是商业合作的目标。

想长期建立合作关系，把生意做好做大的人，都不希望做"一锤子买卖"。如果是偶然因素决定的一次性博弈，双方必然考虑个人利益最大化，达到双输的无效均衡无可厚非；但在长期的多次博弈中，只要相互信任、互相理解、互相体谅、互相宽容、互相帮助，使结果共同趋向有效均衡的概率是很高的。

如果你是一个高瞻远瞩的人，想获得长远的利益、实现长久的合作，就一定要懂得重复博弈，这会给你带来满意的博弈结果，同时，它也是处理生活中很多琐事的绝妙选择。

🦌 09｜选择小步慢行的策略，刻意地创造重复博弈

假设你是一个商人，有个陌生的供应商告诉你，他有一笔优质的货物正在找买家。你去验了货，发现品质确实不错，也决定买下来。现在有两个方案供你选择：第一，一次性付全款50万元，全部买下；第二，全部预订，只是分20次进行交易，每次交易不超过2.5万元。

如果单纯地从风险角度考虑，我想你也会选择第二种方案。如果一次性付50万元，对方很有可能会觉得欺骗你一次也是值得的；如果是第二种情况，每次只付2.5万元，对方就不太可能选择欺骗，因为欺骗带来的收益远不及正常交易带来的利润。

这也再次印证了一点：一锤子买卖导致失败的可能性，远远大于细水长流的小笔交易。这种把一次性的决战转变成长期博弈的策略，被称为"费边战术"。如果学会综合运用这一战术，就可以避免很多不必要的背叛。

最简单的例子，你新买了一套房子，准备装修。可你对装修一

点都不了解，只能委托给装修公司，但直接全权托付给对方，你似乎也不太安心。毕竟，你不知道对方的底细，如果提前付款的话，对方会不会携款私逃？就算不私逃，会不会偷工减料？当然，你也不可能等装修公司把活全都干完后，再给对方付款，因为对方也会担心你是否信守承诺，能否如约付款。

在这样的情况下，费边战术就是一个不错的选择。双方可以每周、半月或每月按照工程进度来结算，这样的话，即便真的发生了一些问题，彼此面临的最大损失也只是一周或一个月的劳动，或工程款。

所以说，稳扎稳打、小步慢行、积小胜为大胜的战术，可以有意识地创造重复博弈的局面，减少"背叛"的发生。同时，这种方式也可以让我们"摸着石头过河"，有机会对过程和目标进行调整和修订。

🦌 10 | 没有人能活成一座孤岛，团队协作很重要

美国加利福尼亚大学的学者做过这样一个实验：

把6只猴子分别关在3个空房间里，每个房间放两只，房间里分别放着一定数量的食物，但食物所放的高度不同。第一个房间的食物就放在地上；第二个房间的食物，分别悬挂在不同高度的位置上；第三个房间的食物悬挂在屋顶上。

几天以后，学者们打开房间，令人惊讶的场景出现了。第一个

房间里的猴子，一死一伤，受伤的那只猴子缺了耳朵、断了腿，奄奄一息；第三个房间里的猴子也死了；唯有第二个房间里的猴子，依旧完好无损地活着。

学者们开始探究个中原因，最终得出的结论是：第一个房间里的两只猴子，一进房间就看到了地上的食物，为了争夺食物大动干戈，结果死的死、伤的伤；第三个房间里的猴子，尽管做了努力，可因为食物放的位置太高了，它们根本够不着，所以被饿死了；第二个房间里的两只猴子，先是各自凭借着本能通过跳跃取得食物，随着悬挂的食物越来越高，难度越来越大，它们选择了相互协作，一只猴子托着另一只猴子跳起来取得食物。这样的话，它们每天都能吃到食物，完好地生存下来。

协作不仅让自己受益，也让他人受益。如果只顾着自己的利益，不顾及他人，甚至为了利益相互争斗，很难让自己的利益最大化，还有可能失去得更多。在现实生活中，团结协作也是不可或缺的一个重要内容，没有人能活成一座孤岛，单打独斗是最愚蠢的选择。

史玉柱在开发网络游戏《征途》时，把重点放在了策划和程序设计上。他负责游戏的整体创意策划，也就是说，《征途》里所有的活动和功能的设置，都必须经过他的同意。程序设计部分和游戏测试环节则交给一个拥有20人的研发团队负责。

在开发过程中，由于研发人员本身就是网络游戏玩家，年龄也比较小，就给管理带来了不少的麻烦。然而，史玉柱把经营脑白金时的企业管理方式搬了过来，用在这20人的研发团队上。他对研发人员的要求很严，比如要求团队做到绝对保密，不能透露任何信息，不能上网，不能打手机，等等；一个决策形成后，必须坚决地执行，没有一丝一毫的拖延妥协。在他看来，研发团队最需要的就是凝聚力和战斗力。

个人英雄主义的时代已经一去不复返，史玉柱非常清楚这一点，所以他尽可能地满足研发人员的各方面要求，每个成员在团队里都有良好的自我发挥空间，都能最大限度地实现个人的发展需求。这样做的结果，自然是调动了员工的积极性，提升他们在团队中的价值感，从而最大限度地保障了游戏开发的进程。

单一个体的力量是孤单的，也是渺小的，仅靠个体的力量甚至无法生存下去。个人的前途与发展，和团队有着密不可分的关系。无论你是谁，身在什么样的职位，你都无法在没有外援的情况下，独立实现你的所有目标，你需要同事、领导、下属的支持，没有他人的协助，谁也无法获得长久的成功。所以，永远别傻到一个人去战斗！

🦌 11 | 自己无法独步天下时，选择跟对手携手共进

你有没有发现，在一个繁华的商圈，或是一条街上，如果有麦当劳门店的话，相隔不远处必定有肯德基门店。这只是一个偶然现象吗？绝对不是。

有个小故事能很好地说明其中的商业逻辑和博弈策略。一对兄

弟卖豆腐，各自开了一家豆腐店，且就在相隔不远的路段。哥哥卖的豆腐饱满质硬，弟弟卖的豆腐柔软酥口。起初，人们都喜欢吃弟弟店里的豆腐，但吃的次数多了，就渐渐有点儿厌倦，于是开始到哥哥的店里去吃质硬的豆腐。渐渐地，这两家店的顾客就达到了一个平衡点。他们乐意到这条街上来买豆腐，因为选择的空间大，可以全凭心情和喜好。

麦当劳与肯德基之间的关系，与上述故事中所讲的兄弟豆腐店如出一辙。再如可口可乐与百事可乐，它们也是饮料市场上的竞争对手，两家的市场竞争也很激烈，似乎每家都希望对方忽然发生一点重大变故，继而把市场份额拱手相让。但是多年来，这种局面却让两个商家都赚了盆满钵盈，且从来没有因为竞争使得第三者异军突起。因为它们的真正目标是消费者，以及那些眼睛紧盯着它们的后起之秀。只要有企业想进入碳酸饮料市场，它们必然会展开一场默契的攻势，让挑战者知难而退，或是以溃败告终。

这就是博弈的智慧，两个龙头企业，虽是竞争对手，但当自己无法独步天下的时候，就会选择与对手携手共进。这种合作是不需要友谊或道德约束的，完全出于利益的需要。这种合作也不需要签订什么协议，它是隐蔽而相对稳固的。不过，这种隐性的合作也是有条件的，那就是展现自己随时可以报复的能力，以阻吓对手的背叛尝试。倘若一方失去了对应的报复能力，均衡也就消失了。

比如，我们经常会看到有些商家打出"某某商品本市最低价"的广告，并且提出如果有其他商家价格更低，它愿意按照同样价格返还差价，同时付给消费者一定比例的赔偿金。从表面上看，这是商家的一种价格竞争行为，可以促使其他竞争者降价，让消费者受益，可是结合博弈论分析，我们就会发现，这里隐藏着一种可能，即商家有可能通过这种最低价格承诺，悄然地达到结成价格垄断同盟的目的。

在这句"某某商品本市最低价"的台词背后，潜藏着一个"威胁"：如果对手有降价的行动，我们会奉陪到底！这样一来，对手就不敢轻举妄动，因为它也不想遭到报复。所以说，竞争对手不意味着要消灭竞争，还可以从对抗竞争走向双赢的"竞合"，让大家在竞争中互相提升实力，只有共同把蛋糕做大，才能实现多赢。

Chapter2

理性思考：躲开思维设下的陷阱

🦌 12 | 克制盲从的欲望，清醒地认识群体行动

群体思维是生活中经常遇到的一种思维模式，指的是人们卷入一个凝聚力较强的群体时，对寻求统一的需求超出了合理评价备选方案时所表现出来的一种思维模式。在人与人之间的博弈中，很多时候都是因为受到群体思维的影响，导致个人思维陷入盲从或不知所措的境地，并做出错误的判断，从众心理就是一个最典型的例子。

国外的一位心理学教授，曾在班级里做了一次"权威效应"的实验。该班的老师在向学生做介绍时说："这位教授是国际上有名的化学家，他最近研究出了一种新的化学品，由于我跟他很熟，专门请这位教授在课上为大家展示这项新的研究成果。"

接着，这位"化学家"拿出一个瓶子，里面装满了透明的液体。他告诉学生，自己正在研究一种化学药品的感知效应，现在他展示的是一种新药，其味道可以在空中迅速传播，只有对化学药品有敏锐感知的人，才能够通过空气的传播感受到。

他打开瓶子，学生们屏住呼吸，用心感受，都希望自己是对化学药品有敏锐感知的人。而后，大家开始谈自己的感受，有人说这是一种跟其他化学药品的味道完全不同的东西，有人说教授打开瓶子后立刻就嗅到了香味，等等。总之，没有一个人说自己没有感受到这种化学药品的味道。

等大家讨论得差不多了，这位"化学家"揭开了谜底：他不是

什么化学家，而是本校的一位心理学教师；瓶子里装的不是什么新型化学药品，而是最常见的自来水。

想象一下：当你置身在那样的环境中时，会不会也跟其他人一样，相信那是带有特殊气味的化学药品呢？这样的情景，在我们的生活中时常发生。盲从心理之所以会导致决策上的失误，最主要的原因就是人们很容易受到外界的干扰，容易把他人的行动作为自己行动的指引，究其根本，就是他们缺乏判断能力与分析能力。

从众也有积极的一面，它有助于我们学习别人的经验，少走弯路，及时修正自己的思维方式和行为。但很多时候，群体思维容易促使个人犯错，或者说导致整个群体出错。

社会心理学著作《乌合之众》里详细解析了群体思维的局限性："孤立的个体具有控制自身反应行为的能力，而群体则不具备""群体盲从意识会淹没个体的理性，个体一旦将自己归入群体，其原本独立的理性就会被群体的无知所淹没"……这些话都准确地描述了群体思维对个人决策的影响。

为了避免受到群体思维的影响，个人不仅要与其他人进行一对一的博弈，还要懂得与整个群体以及群体思维进行博弈。要做好这件事，最为关键的一点就是找到自己的思维方式，找到真正合理的博弈策略。

首先，要理性分析群体思维，看其是否合理，如果不够合理或是已经凸显出了一些弊端，就要立刻采取措施，脱离群体思维的影响，选择另外的行动策略；其次，强化对相关事件的认识，在做出决策之前努力收集相关信息，并进行分析，不要盲从他人的观点或行为。信息是博弈的重要组成部分，收集的信息越充分，越能够保障自己做出合理的决策，继而在博弈中掌握更多的主动权。

🦌 13 | 多人参与的博弈，要有制度和道德的约束

1968 年，加勒特·哈丁在《科学》杂志上发表了一篇名为《公用地悲剧》的文章，并在其中提出一个著名的论断：公共资源的自由使用会毁灭所有的公共资源。

哈丁设想故事的发生地是一个古老的英国村庄，当时村庄里留有一片可供牧民自由方木的公用地，当牧民的牲畜数量超过草地的承受能力时，草地就会因为过度放牧而退化或消失。这个时候，每个人的利益都会受到损害。

然而，牧民们还是不肯停止增加牛羊的数量。由于没有足够的草料供给，牲畜的产奶量会受到影响，牧民的经济收益也会下降。可即便如此，大家还是在想办法增加牲畜的数量，直到最后草地被彻底破坏和消耗光。

这就是著名的公用地悲剧，其情况跟我们上一章中提到的新西兰报刊亭有相似之处。产生这一悲剧的原因在于，每个人都会肆无忌惮地追求自己的利益，哪怕是这些利益已经触碰到了临界点，也不会收手。对他们来说，每增加一头牲畜，就增加了一份收益，

虽然草料不足会导致产奶量下降，继而让群体的利益下降，可平摊到个人身上，则显得微不足道。

当人们意识到收益大于损失的时候，就会盲目地增加牛羊的数量。每个牧民都会想：如果牛羊的数量超过草地的承受能力，一定会有人意识到这个问题，为了维持草地的正常运转，避免让所有的牛羊都挨饿致死，肯定会有人会主动把一部分牛羊赶出草地，但这个人不能是自己，毕竟牺牲的利益远远大于分摊的成本。就这样，每个人都把希望寄托于他人，结果到最后没有任何牧民愿意减少牛羊的数量。

每个牧民都是追求个体利益的理性人，在追求个人利益最大化的同时，他们也不惜损害公共利益。当然，我们说过，这样做的结果对自己没什么好处。如果牛羊数量盲目增加，草地的生态系统被破坏，最后可能每一头牛都吃不饱，甚至被饿死。

我们在chapter1提到过"新西兰报刊亭"的例子，与之如出一辙。解决这类多人参与的囚徒困境，需要共同遵守游戏规则，这个规则具体是什么呢？简单来说，防止公用地悲剧的方法主要有两种：一是在制度上对所有人的行为进行规范，确保每个人都能够按照规则行事；二是在道德上约束每个人，让人们意识到自己的个体行为可能会给集体利益带来损害。

制度上的规范，主要是打造一个中心化的权力机构，它能够使用权力来约束和制止所有人的不当行为。同时，还要规定好每个人的职责，做好资源分配，对于破坏和浪费公共资源的行为要进行惩罚。道德上的约束，尽管没有法律效力，却有助于提高个人素养，可以从本质上提升人们保护公共资源的意识。

🦌 14 | 明确分工与责任，避免团队出现内耗

无论是商业团队协作，还是家庭成员合作，都不是简单地把两股或多股力量联合在一起，更不是人力堆积和资源累加。合作讲究统一性、同一性、互补性等原则，合作的效果也取决于团队内部是否存在内耗现象，如果发生了内耗，那么每个人发出的力量都会被其他人抵消掉，最典型的例子就是"三个和尚没水喝"的故事。

为什么一个和尚、两个和尚的时候，可以相安无事地喝到水，当第三个和尚出现以后，大家都没有水喝了呢？最主要的原因就是——责任推诿！

一个和尚的时候，哪怕他不想去挑水，可没有其他的指望，就算挑半桶水也得挑；两个和尚的时候，挑水是共同的责任，做到了责任均摊；三个和尚的时候，责任被进一步分摊掉，任何一个和尚都会想：反正三个人呢，我不去挑的话，别人也会去的！结果，大家都这样想，并充当旁观者的角色，也就没有人去做这件事了。

知名博弈论学者麦西克和路特做过一个实验：他们准备了一个信封，邀请听讲座的43个人往信封里塞钱，每个人都有权利选择塞钱或不塞钱。实验设置了一个有趣的奖励：倘若信封里塞进的钱总

数超过250元，那么麦西克和路特就会自掏腰包，给在座的43个人每人10元的奖励；如果不足250元，所有的钱都会被他们两人没收。

这几乎是稳赚不赔的游戏，按照要求，每个人只要往信封里塞5.82元就够了。考虑到有人会选择不塞钱，塞钱的人也可以选择稍微多支付一些，如7元或8元，在拿到10元奖励后，依然是赚的。为了确保游戏的公正性，两位学者要求大家不能相互讨论，每个人只要按照自己的意愿塞钱就可以。

当实验结果揭晓后，所有人都很吃惊，也很失望：信封里只有245.59元，距离目标只差了一点点。不少人抱怨说："早知道这样，我还不如再多放点儿，现在放进去的8元彻底打了水漂！"事后，有人多次做了这个实验，结果依旧没能达到250元的目标。

之所以出现这样的情况，也是因为每个参与者都把希望寄托于其他人，试图自己少付一点钱，让其他人多付一点钱。当所有人都这样想的时候，还有一些人选择不塞钱，结果自然就凑不够250元了！

从团队合作的角度来说，要避免这种责任分散效应的发生，最为关键的是强化个人责任感，明确所有人的分工和职责，这样就能避免旁观者效应，减少不必要的团队内耗。

🦌 15｜试图用抬价来摆脱困境，只会越陷越深

曾经有人拿出一张面值5元的纸币进行竞价拍卖，规则是一旦

出价者给出的价格低于其他竞拍者，他就会失去这笔钱。拍卖开始后，这张纸币的起价是0.1元，很快就有人把价格抬高到0.2元，接着又有人抬高到0.3元、0.5元、1元、2元、3元、4元、4.7元，甚至4.9元。在这个过程中，人们积极地提价，这种积极性源于出价依然低于5元，无论开价多少，都意味着有利可图。

然而，当出价达到4.9元乃至5元时，显然盈利已经微乎其微。按照常规思维来说，人们应该放弃竞投，毕竟竞价的意义不大了，但实际的情况并不是这样。人们此刻开始担心：如果其他人的竞价比我高，那我之前的出价就白费了，所以必须再往上抬。

就这样，所有的参与者都卷入了竞价式的"赌局"中，竞价的标准不再是5元钱，而是其他人的出价。他们都希望超过对方的报价，但是很可惜，这种竞价模式最终产生的结果是，所有人在竞价中的出价都会超过5元。

回顾竞价的过程，我们不难发现，很多人一开始都觉得自己的价码会是最后价码，但随着竞价的推进，局面逐渐失控，因为其他的竞争对手也是这样想的。此时，竞价已经脱离个人的期望，参与者之所以继续抬价，一方面是为了压过别人的价格，不让自己亏损更多；另一方面是在竞价中不断遭到他人的挑战（抬价），情绪受到影响，理性认知几乎为零，剩下的全是盲目冲动与意气用事，想要利用不断抬高价格的方式找回面子。

当局者迷，旁观者清。想必你也看出来了，这个博弈过程完全是一个陷阱，参与者跳进去之后，很难全身而退，总试图用抬价来摆脱困境，结果却越陷越深，骑虎难下。

那么，怎样才能跳出这个陷阱呢？

第一种选择是，当别人出价比自己高一些时，或者看到其他参与者不断抬高价格时，及时清醒地意识到，这是一个持续循环的游戏，及早退出或拒绝参与。

第二种选择是，竞价的各方达成默契，当第一个人提出价格时，其他方不进行抬价。如此，这张5元面值的钱就会以0.1元的价格成交，然后参与者平分利润。当然，这是一个理想状态，现实中举办竞价活动的人肯定会阻止此类事情的发生，参与者们难以进行沟通，无法达成高度的默契。

对我们而言，在面对此类情形时，最重要的是保持理性，拿出坚定的态度：要么别参与，要么及时止损，别让自己在贪婪和冲动的唆使下，掉进博弈的陷阱。

🦌 16 | 不及时制止，错误的行为就会被效仿

1969年，美国斯坦福大学心理学家菲利普·津巴多进行了一个实验：他找来两辆一模一样的汽车，将A车完好无损地停放在中产阶级社区；将B车的车牌摘掉，掀开顶棚，停放在相对杂乱的社区。结果，B车当天就被人偷走了，而A车停放一周后依然完好。接着，菲利普故意将A车的玻璃敲破一个洞，几个小时之后，A车

也被人偷走了。

这个实验引起了心理学家们的注意，他们很快提出了一个推论：当一栋建筑物的某一扇窗户被打破，而没有人及时对其进行修理，那么在不久之后，这栋建筑物的其他窗户也会被人毫无缘由地打破。这个推论后来被称为"破窗效应"。

破窗效应带给我们的启示是，当某个地方出现错误或漏洞时，如果不及时地被禁止，就会引发更多错误的行为。因为其他人会把这种错误行为当成某种示范性的纵容。换句话说，监管不到位，错误的行为就会迅速蔓延。

为什么会出现破窗效应呢？

每个人都不是孤岛，只要某人做了示范，这件事或这个行为就对其他人的行为产生影响。很多时候，人们会按照他人的行为模式来采取行动，也就是所谓的效仿。不过，这种效仿不是偶然的，每个人都会根据其他人的行为和监管者的行为做出判断，再制定自己的策略。

通常来说，后面采取"破窗行为"的人都存在这样的心理：这个窗户不是我先打破的，别人能这么做，我也可以。然后，他们还会把责任顺理成章地推到第一个犯错者身上，哪怕他们意识到自己的行为是错的，因为有了前人的示范，他们也很容易丧失自律性。

要制止破窗效应的发生，最有效的办法就是强化制度管理，帮助人们建立起正确的行为意识。当然，完全杜绝人们犯错也不太现实，总有人经不住利益的诱惑，所以监管者还要制定有力的纠错措施，一旦发现漏洞，就赶紧对其进行补救，并惩罚犯错者，以儆效尤。

🦌 17｜博傻游戏有其规则，别做最后一个傻子

1630年，荷兰人培育出了一些新奇的郁金香，颜色和花型都很特别。物以稀为贵，当时不少王公贵族都将郁金香作为身份和权力的象征。为此，有些嗅觉敏锐的商人开始囤积郁金香，紧接着一场疯狂的郁金香热就掀起了。

1633年，某个品种的郁金香已经飙升到1000荷兰盾，到1636年则涨到5500荷兰盾，这个数字在当时已经足够买下一栋豪宅，或是25吨奶酪！1637年1月，一个普通的郁金香球茎的价格还是64荷兰盾，仅仅过了1个月，就涨到了168荷兰盾，已经超过了荷兰人的平均年收入——150荷兰盾。一些买家为了保证自己的郁金香是独一无二的，甚至愿意付出一切代价买下别人手中的顶级郁金香，然后将其毁掉。

所有人都忘了郁金香及其种子本来的价值，只知道如果自己不买，那就是别人眼里的傻子。这个国家的所有行业都被忽视了，人人都跑去投资郁金香，不惜用土地、房屋等不动产去换取这种植物，而妇女们也舍弃了穿衣打扮的钱，卖掉心爱的家具去换取种子。他们深信郁金香种子会带给他们想要的财富，人们的欲望已经膨胀到了无以复加的地步。

直到1653年11月的一天，一个毫不知情的水手来到郁金香交易

市场，随手捡起一颗郁金香种子吃了下去，所有人都看傻了。水手奇怪地看着他们，他只觉得这颗"洋葱"的味道有点特别而已。

所有人仿佛都从梦中惊醒了，他们意识到，过去的这些年里，大家仿佛被一种无形的力量控制住，竟然不断地哄抬一株植物的价格。随后，郁金香开始被大量抛售，价格暴跌不止，许多人在一夜之间倾家荡产。

"郁金香事件"可谓是人类历史上有记载的最早的投机活动，人们对财富的狂热追求、羊群效应、理性的完全丧失，让郁金香的泡沫越吹越大，最终导致千百万人一贫如洗。大家都知道，郁金香球茎的价格早已超过了它的实际价值，可为什么人们还会热切追寻呢？

在资本市场中，人们大都有买涨的心理，完全不顾某个商品的真实价值而愿意花高价购买，他们预期未来会有一个更大的笨蛋将花更高的价值从他们那里把这个商品买走，这就是博傻理论。这个理论告诉我们：在这个世界上，傻不可怕，怕的是做最后一个傻子。

博傻行为不都是一样的，因为"傻瓜"也分为两种。

第一种：感性博傻。这类人在购买某件商品时，不知道自己已经被卷入了一场博傻游戏，更不知道随时都可能崩盘。比如，股市高涨时，庄家在背后人为抬高股价，等一群不明真相的傻瓜砸进去大量资金后，庄家看手里的股价涨得差不多了，就在股价高点抛售逃离，结果很多人跟风抛售，股价一泻千里，被套牢的就是那些最后高点接盘的傻瓜。

第二种：理性博傻。这类人清楚地知道博傻游戏的规则，相信在热潮的情况下，还会有更傻的投资者接盘，因此才会投入少量资金赌一把。玩得不大，就算赔了，也不至于倾家荡产。

理性博傻能盈利的前提是，有更多的傻瓜来接棒，这个判断是千万不能失误的。当大家感觉目前的价位已经偏高，需要撤离观望的时候，真正的高点也就来了。接下来，你是选择撤离，还是在高点上继续等待傻瓜出现？

"不要做最傻的那个人"，说起来很简单，可做起来太难了。然而，明知道难，依然有很多人义无反顾地投身进来，这又是为什么呢？就像荷兰人说的，似乎有一种无形的力量驱使着他们，这种力量是什么呢？

简简单单一个字：贪！当一个人主观意识认为一旦错失某个机会就会造成遗憾时，即便是优柔寡断的人，也会果断地做出决策，这就是人类的共性，在心理学领域被称为倾向性效应。在博弈中，人们为了得到最大化的利益，总是期待最后一个傻子的出现，结果越贪婪越失去理性，一不小心成了最后接盘的傻瓜。所以，当贪念涌起时，一定记得提醒自己：这是一个无止境的黑洞，会把人带入破产的深渊！

🦌 18 | 打破"鸟笼逻辑"，跳出惯性思维的怪圈

现在，请你认真思考一个问题：你是自己的主人吗？

这问题似乎不太好回答，对吗？如果承认我是自己的主人，但有时自己做出的行为却并非完全出于意愿，甚至某些事情是违背内心的意愿做出的选择；如果否认我是自己的主人，那就等于放弃了支配自己行为意志的权利，甘愿沦为一枚棋子，有谁愿意如此呢？

对于此问题，完全承认与完全否认都不太合适，只能说每个人都不完全是自己的主人。为什么会出现这样的情况呢？这就牵扯到了"鸟笼逻辑"，它是人类无法抗拒的十种心理之一。

甲对乙说："如果我送你一只鸟笼，并且挂在你家中最显眼的地方，我保证你过不了多久就会去买一只鸟回来。"乙不以为然地说："养鸟多麻烦啊，我是不会去做这种傻事的。"

于是，甲就去买了一只漂亮的鸟笼挂在乙的家中。接下来，只要有人看见那只鸟笼，就会问乙："你的鸟什么时候死的，为什么死了啊？"不管乙怎么解释，客人还是很奇怪，如果不养鸟，挂个鸟笼干什么？最后，人们开始怀疑乙的脑子是不是出了问题，乙只好去买了一只鸟放进鸟笼里，这样比无休止地向大家解释要简单得多。

在人际关系中，思维定式具有强大、顽固的影响力，故事中的乙就是无法忍受被人用习惯思维的逻辑推理误解，最终选择屈服于强大的惯性思维。这种思维影响着生活中绝大多数人的行为模式和思考方式。

　　依据这一心理效应，我们便能明白，为什么"你不完全是自己的主人"。你之所以成为"你"，不仅仅是因为你具备了某些内在的特质，更重要的是你受到了外部因素的影响，这些因素可能来自父母、朋友、同事，也可能来自整个社会环境。

　　父母是对孩子产生深远影响的"第一人"。在早期的亲子关系中，孩子是通过模仿父母来区分自我和他人，也是从父母那里学会对自我的定义和评价。父母如何看待孩子，孩子就会如何看待自己，如果一个孩子是在鼓励和支持中成长起来的，能够参与家庭重要事情的计划和决策，那么他成年后的自尊水平也比较高。倘若父母本身的自尊水平较低，只是通过溺爱或打骂的方式对待孩子，孩子就很难感受到温暖和亲密，他们在日后衡量自己的行为标准方面也会存在偏颇。

　　心理学家库利曾经指出：一个人的自我是受他人影响的，是由社会决定的。在他看来，自我是对他人反应和评价的反映。比如说，我们内心很渴望成为一名艺术家，却身不由己地走上了科研的道路，因为所处的情境不允许我们遵从内心的意愿，在这种不情愿的情境中，他人对我们提出各种要求，导致我们的自我概念和行为发生巨大的改变。

鸟笼逻辑是人际关系中外在影响和经验的缩影，它有积极的一面，可以让我们借助先人的经验少走弯路，但我们还要警惕它消极的一面，就是不要完全陷入思维定式中，让外界的影响成为发展自身的枷锁。同时，也要少用鸟笼逻辑去推断他人，变得墨守成规、顽固不化。

🦌 19 | 面对不完整的信息时，很容易被人"带偏"

英国的《泰晤士报》曾经报道了这样一则消息：世界著名的可口可乐和雀巢公司称他们共同研制出了一款能帮人燃烧卡路里的饮料——Envige。消息一经传出，立刻就遭到了营养学专家的否定，他们声称这个消息是在误导消费者。

两家公司的研究人员称，这个饮料是复合型饮料，其中的一些成分是从绿茶和咖啡因中提取的，能够有效地调节人体的新陈代谢，有助于身体燃烧热量。然而，营养学专家对这方面一直持怀疑态度，他们认为这些饮料可能会让人兴奋，给心脏病患者造成危险。

临床试验表明，饮用3罐这样的碳酸饮料，平均可燃烧106卡路里的热量。可是，3罐这样的饮料中含有的咖啡因，相当于3杯黑咖啡，这显然对人体健康不利。国际营养学家安德鲁·普伦迪斯表示：生产商正在向消费者传递一个错误的信息，就是依靠这些饮料能达到减肥的效果，这是一种误导。

虽然各路专家们纷纷反对，可厂家还是大批量地生产了这些饮料，且生产了多种口味来吸引消费者。多数消费者也很买账，他们认为不用运动、节食，畅快地喝饮料还能燃烧卡路里，是一件很美妙的，完全不在乎饮料里有多少咖啡因，更不在意营养学专家的提醒。

坦白说，在夏季减肥的热潮中，你有强烈的减肥欲望，面对这样一款饮料，你愿不愿意尝试一下？相信很多人都会说"是"。为什么绝多数人都会做出这样的选择呢？

其实，这里面牵扯到了信息博弈的问题：看谁说的信息更吸引人！

就拿那款减肥饮料来说，虽然营养学专家也提出了相应的观点，可似乎对消费者没产生什么影响，消费者更关心的是这款饮料带给自己的奇迹，哪怕要摄入很多咖啡因，也愿意尝试。

而商家向消费者传递的信息其实是不完整的。换句话说，就是他们只让人看到商品美好的一面，至于缺点和瑕疵，只有在使用过程中才能慢慢了解，精明的商家是绝对不会主动传递出来的。这样一来，消费者就只接收到了不完整的那部分信息，至于信息是对是错，完全忽略了。

记得有一句广告词叫"欧典地板，真的很德国"。哇，听起来是不是觉得挺有品质的，认为它是德国生产制造的？其实，这只是一种错觉。商家抓住了人们对品牌和品质的追求，向消费者传递出了一条错误的信息，消费者又不太了解厂家的情况，就依据广告或是对货物的判断来做抉择。

这说明什么呢？信息虽然有多种传递方式，可对于传递信息或接收信息的人来说，只有一种理解方式。传递信息的人想要达到传递信息的目的，而接收信息的人往往会顺着传递信息的人的引导去认识和了解一些事物。

在信息传递的博弈中，商家永远在跟市场、竞争对手和客户下一盘棋。他们传递出的信息，让几个对手在短时间内都无法看清，从而为自己商品的信息留下了悬念。这些不完整的信息勾起了人们的好奇心，在信息没有完全披露的时候，这场博弈的胜券早就被他们牢固地握在手里啦！所以，不要总埋怨自己太单纯、容易冲动，在面对不完整的信息时，多数人都会跟着商家的思路走。

🦌 20 | 唤醒真实的意愿，拒绝盲目地服从权威

W是一家外贸公司的业务员，最近正在跟进一个比较大的项目，整个团队都忙得焦头烂额，W已经连续两周在外地出差，没有回家看望家人。那天，她接到家里的电话，说母亲不小心烫伤住院了。W心急如焚，就向经理说明事情缘由，询问是不是可以请假回家一趟。

当W把母亲受伤的情况说完，刚提出请三天假，经理的神情突然变得很严肃，说："我知道你很想回去跟家人团聚，你母亲这个

时候也很需要你，可我们这里现在实在太缺人手了。如果你母亲知道公司正考虑提拔你，我想她应该会理解你。况且，现在医疗很发达，你母亲已经入院，即便你不回去，应该问题也不大。事情已经发生了，就算你真的过去，也帮不上什么忙。我们这个项目需要团队协作，每个人都得倾尽全力，你在我眼里一直是这样的人。噢，不过也没关系，如果你真的放心不下，那就回去一趟，多陪陪母亲。以前我没想到你这么顾家，要是今后真做了项目主管，跟家人聚少离多的情况会更多……"

离开经理办公室，W的心里很是纠结。她在工位上坐了半天，最终拿起电话打给家里，说工作太需要人手，实在离不开，让母亲安心治疗，她稍后会给家里汇过去一万块钱。其实，W很内疚，但是经理最后说的那番话还是让她动摇了。她担心，如果这一次真的离开项目组，会彻底失去晋升的机会，所以只好留下来继续工作。

经理没有明确地说不允许W回家看望母亲，言谈之时似乎还把选择权交给了W，可是W感受到的却是：如果我回家看望母亲了，那就说明我消极怠工，不重视自己的工作，还会影响到上司对自己的看法，以及事业和前途。所以，她最后选择自愿留下来。

这样的情形，你有没有遇到过？看起来好像是自己做出的选择，可静下心来时，才发现那根本是迫不得已。为什么会出现这样的状况呢？到底是什么力量，促使着我们违背自己的意愿去采取某种行动呢？

请注意，这就是一个博弈的结果。通过对语言、行为甚至是感官的设置，创造出具体或理念的情境，如"回家看母亲=放弃晋升""留下来=重视工作"，使得W接下来的行为倾向凸显出积极的意义，与"被提升"联系起来。W之所以留下，是因为她的内心需求被经理描述出的"重视工作""积极进取"压抑住了，经理也就顺理成章地控制了她的行为。

现实中类似的情形有很多，广告、销售、宣传中都运用了这一心理策略，就是为受众创建一个积极的情境，让人们在不自觉中认同他们的观点，并自觉自愿地参与其中。可是，无论操纵者描绘出的情境有多积极，有一个事实是无法改变的，那就是我们依然在被动地接受他人的价值观念，被奴役中却不自知，甚至还因此而快乐。

服从权威，大概是每人心中的天性之一，只要情景适宜，它就会被"激发"出来——天使和魔鬼有时只有一步之遥。生活中有很多事情，完全是在道德意识和坏的权威之间做抉择，这是对人性最大的考验。下一次，当你做出一个违背意愿的决定，或是产生了某种让自己费解的想法时，不要轻易地服从那股"无形的力量"，暂时跳出来，向自己的内心问一句："我真的是自愿的吗？"在理智的情境下，你听到的那个心声，才是你真实的意愿。

🦌 21| 一次性灌输大量信息，思维容易陷入混乱

在警匪片或现实的犯罪案件中，有些犯罪嫌疑人不愿意伏法认

罪，从被抓的那一刻开始，就已经酝酿好了一套计划，决定自己该说什么，闭口不提什么，还设定好了掩饰罪行的方法。此时，他们的信息是非常明确的，就是试图用一堆谎言来蒙混过关。

警察当然不会轻易上当，面对这样的情况，他们会采取一次性给犯罪嫌疑人灌输大量信息的策略来进行博弈，这些信息会干扰犯罪嫌疑人预先设定的信息。

警察询问："昨天晚上9点钟（案发时间）你在什么地方？"

犯罪嫌疑人撒谎说："我昨天很早就睡了。""我跟朋友一起出去吃饭了。"

这个时候，警察就会提供大量的干扰信息：

"你确定自己不是9点钟睡的？"

"你确定不是昨天和朋友一起出去吃饭？"

"你昨天下午4点钟在做什么？去过什么地方？"

"你昨天是不是和人吵架了？"

"你平时都是这个时间点睡觉吗？"

"昨天附近的超市死了2个人，你知道吧？"

"你确定是2个人，不是3个？其中一个活了下来，你知道吗？"

"你平时去超市吗？喜欢买什么？"

"你还记得自己从超市的哪个口出来的吗？"

…………

面对一连串的提问和信息灌输，犯罪嫌疑人的头脑很难继续保持冷静和清醒。大脑处于超负荷运转状态时，往往会丧失原有的控制力，之前精心设计好的说辞可能会在信息的干扰下露出破绽。这些提问的信息是没有章法的，通常都很杂乱，有些根本就是嫌疑犯计划之外的问题，他没有时间和机会去做充分的准备，只能本能地做出回答。这样一来，犯罪嫌疑人就因为失去自控力而受到信息灌输者（警察）的控制。

人的反应能力是有限度的，大脑没办法在短时间内接受大量的信息，一旦被灌输的信息超载，就会出现反应迟滞的情况。另外，人都很关注自己如何做出回答，而没有关注问题本身，但思考答案是需要时间的，当问题越来越多时，对于答案的追求也会增加大脑的负担。

再者，在特定的环境之下，心理上的威慑也会产生影响。有时，哪怕信息内容很简单，可在不断重复的灌输下，也会令人感到不自在，内心的反抗会慢慢被消磨殆尽，或是出现失误。

了解这一现象，对我们的谈判博弈有很大帮助。有些博弈者会利用这一点，故意提供大量的干扰信息来干扰我们的判断，试图打乱我们的思维。这个时候，千万别跟着对方的思路走，以免让个人思维陷入混乱中，做出错误的判断和决策。

🦌 22 | 甄别出有效的信息，不受错误信息的误导

一次性接收大量的信息，会对个体的思考能力与分析能力造成负面影响。为了避免落入这一"骗局"，就需要我们在谈判的过程

中，学会甄别和提炼有价值的信息，而不是将对方提供的所有信息全盘接收。

什么是有价值的信息呢？可以从两方面来说：其一，与博弈事件相关联的信息，能够帮助我们提升博弈成功率的信息；其二，充满误导性的、错误的信息，识别出它们，同样可以避免我们做出错误的判断和决策。

科学家曾经做过一个实验：把几只蜂蜜和几只苍蝇都装在一个透明的玻璃瓶中，瓶子没有封口，但整个瓶子是横着放在窗边的，瓶底刚好对着窗户。结果，蜜蜂拼命地朝着瓶底钻，因为窗户那边的光线更亮，它们认为那里有出口，最后竟被活活累死了。而苍蝇，它们可没考虑哪儿是出口，也不在意事物的逻辑性，完全就是莽莽撞撞、胡乱找活路的探索者，没想到不到2分钟的时间就逃离了瓶子。

显而易见，蜜蜂并不愚笨，它们会依照光线亮度来找寻出口。但也正是这个知识点，误导了它们。事实上，瓶子没有封口，蜜蜂完全可以顺利地飞出去，可它们却宁愿相信瓶底处透进来的亮光。对它们来说，这个重要的信息使它们坚定了自己的选择。

这个实验让科学家证实了蜜蜂身上充满逻辑性的行为模式，却也让科学家有了另外的发现：错误信息会误导和影响博弈行为！蜜蜂比苍蝇更懂得搜集信息，但在某些特殊的环境下，相关的信息可能是人为设置的陷阱，如果不能对其进行有效的甄别，就可能陷入固定认知模式中，影响理性分析和逻辑推理。

在进行谈判博弈时，我们当然要尽可能多地掌握有效信息，但在接收信息的同时，一定要记得甄别和提炼，因为对方可能会故意释放一些具有诱导性的错误信息，如果不能识别真假，就会陷入对自己不利的局面中。

🦌 23 | 用中立思维去计算概率，是不靠谱的选择

博弈本身是一种概率性的预测，判断对方下一步会有什么反应，可能做出什么样的决策，这些都建立在概率学的基础上。概率在整个博弈中非常重要，我们需要借助概率进行分析，但是有一点我们必须牢记于心：概率只是概率，即便对方有很大的可能这样做，并不代表他们一定会这样做！

在战争时期，一直流传这样一个观点：当双方展开激烈的交战，士兵们为了提高生存概率，应当躲在敌方炮弹炸出来的土坑里。这个观点有一定的合理性，毕竟炮弹每一次出膛后，炮架在后坐力的影响下，会发生一定的偏移，这就使得炮弹往往会越打越偏，很少会落在同一个坑里。

不可否认，炮弹连续几次打到同一个地方的概率的确很小，但是不要忘了，打仗时发射炮弹的大炮不是只有一架，大量发射的炮弹还是有机会落到同一个地方。我们不能简单地认为一件事情非黑即白、非此即彼，以 5 : 5 这样的"中立思维"去考虑和分析问题，是不可靠的。

我们都知道，球队比赛只有两种可能，要么输，要么赢，这是必然的。如果甲球队的实力远超乙球队，通过实力对比，报告书上可以标明甲队几乎100%获胜，或者说获胜的概率高达95%！考虑到赛场上可能会有一些突发状况，如主力球员受伤、犯规被罚下等，这支球队也会有输掉比赛的可能，但仅仅因为这些因素就否定该球队的硬实力，认为它获胜的概率是50%，那就显得有些可笑了。

概率分析是博弈的一个重要工具，通过合理的概率分析，可以帮助我们进一步了解相关事件以及彼此之间的关系，继而制定合理的策略。但我们不能简单地以中立思维去思考问题，因为这种思维本身存在很大的漏洞，它把事物之间的关联以及可能产生的影响简化成了"有"或者"没有"两种可能，而在不同情况之下，事情发生的概率是不同的。如果以中立思维去博弈的话，就会出现误判，影响博弈的结果。

🦌 24| 不做没有选择余地的选择，好坏需要对比

17世纪30年代，英国有一位叫霍布斯的马场老板。

每次卖马之前，他都会向所有顾客郑重承诺，只要给出一个低廉的价格，就可以从他的马圈中随意挑选自己喜欢的马匹。只是有一个附加条件：挑选好的马匹必须经过他设计的一个马圈门，能够牵出马圈门的，生意就顺利成交；牵不出去的，生意自然就黄了。

多少人跃跃欲试，总想着有便宜可占，但其实这是一个圈套。

霍布斯设计的那个卖马专用马圈门，是一个很小的门，那些大马、肥马根本就过不去，能牵出去的都是一些小马、瘦马。显然，他的这个附加条件就是在告诉顾客：你不可以选好马。可惜，太多人都没有意识到这一点，在马圈里选来选去，自以为挑了一匹大的，得到了满意的结果，可到最后却发现，不过是空欢喜一场。

后来，人们就把这种没有余地的"挑选"称为"霍布斯选择"。看似是把选择的权利交给了你，但其实你根本没有选择的余地。在爱情的世界里，这样的情况也经常会出现。

有些人在选择另一半时，虽然也是放开了条件，却都把目光锁定在自己的社交圈子里，选来选去，还是上演了"霍布斯选择"的情景。或者，在被一个人追求的时候，虽然内心并不太确定对方是不是最合适的人选，但鉴于对方的殷勤付出，就想着"错过了他，可能就再也碰不到了"，继而糊里糊涂地做出了选择。时隔很久，才发现当初的自己想得太片面了，应该跳出那个圈子，敞开自己的心，而不是把所有的关注点都放在"选不选择那个人"身上。

很多处在亲密关系中的人，说是要给对方充分的空间和自由，可当对方真的去享受自我空间，按照自己喜欢的方式去生活时，他们又开始指手画脚。看到对方没有按照自己的意愿来做，就表现出不高兴的样子，甚至是"不换脑就换人"，结果，闹得关系很僵。

社会心理学家指出：谁陷入了"霍布斯选择"的困境，谁就无法进行创造性的工作、学习和生活。道理很简单，在"霍布斯选择"

中，我们自以为做出了选择，实际上思维和选择的
范围特别小。有了这种思维的限制，当然就减
少了自己主观能动性发挥的空间。

从这个角度来说，"霍布
斯选择"就是一个陷阱，让
我们在进行伪选择的过程中
自我陶醉。要知道，任
何好与坏、优与劣都是
在对比选择中产生的，

低价随便挑，
能牵出去就成交。

只有拟定出一定数量和质量的对比方案，选择、判断才有可能做到
合理。只有在许多可供对比选择的方案中进行研究，并能够在对其
了解的基础上进行判断，才算得上判断。

在我们尚未考虑好多种选择前，我们的思想是闭塞的。倘若只
有一个选择，就无法对比，也就难以辨认其优劣。没有选择余地的
选择，并不存在优劣判断。记住这句格言吧："如果你感到似乎只
有一条路可走，那很可能这条路就是走不通的。"

🦌 25 | 警惕格雷欣法则，择偶不能只顾着看外表

在铸币时代，倘若市场上有两种货币——良币和劣币，只要两
者所起的流通作用相同，人们就更倾向于使用劣币，而把良币收藏

起来，或者积累多了再铸造成数额更多的劣币。时间久了，良币就退出了市场，只留下分量不足的劣币在市面上流通。

简单来说，就是人们愿意使用"坏"钱，不愿意使用"好"钱，结果坏的就把好的排挤出了流通市场。想想看，你在掏钱包买东西的时候，是不是也习惯先花破旧一点的钱，而留下票面比较新的钱币？

道理都是相通的，把劣币驱逐良币的模式移到感情中，就出现了这样的情景：鲜花总是插在牛粪上，巧妇常伴拙夫眠！很多人想不通，为什么许多漂亮的姑娘会嫁给一个各方面条件都不如自己的人？而那些各方面条件很好的男人，却又娶不到和自己条件相当的女性？

其实，这主要是信息不对称导致的。在爱情博弈中，由于不了解对方的心理及处境，继而产生了诸多的不确定因素。在这样的情况下，很多人不敢轻举妄动，而那些本来无一物的人却会选择放手一搏，结果赢得胜利。

我们可以把男生和女生分成A、B、C、D四个等级来看。由于男性的控制性倾向，使得他们一般会降格选择异性伙伴，因此现实中的典型配对是：A男+B女，B男+C女，C男+D女，唯独剩下A女和D男。

毫无疑问，A女就是我们说的"鲜花"，而D男就是我们说的"牛粪"。A女心里很确定，D男是没什么市场的；而D男也确定，A女肯定是追不到的。这就导致了两个最有可能的均衡策略：在某种情况下，A女若是选择D男，D男肯定会接受；D男去追求A女，肯定也不会有结果。反正D男也没市场，追不追A女都不会有损失，所以D男出于无聊或其他动机，还是有可能会去追求A女。

A女本身条件好，那些条件和她差不多，或是比她更优秀的男生，往往不会选择她，他们总觉得："她条件那么好，怎么可能看上我呢？怎么可能没有追求者呢？"毕竟，男性在感情中更期待被女性认同和尊崇，他们担心在A女这里得不到这种需求。

A女在择偶这件事上很重视稳定性，期待被呵护、被照顾。她们心里也会认为：太优秀的男性，身边肯定不乏美女，他们一定是自命不凡的，如果跟他们在一起，他们会觉得是自身吸引力大，是理所当然的，难有感激之情。况且，那么优秀的人，面临的诱惑也更多。

D男的情况就不同了。D男无比珍惜A女这样的"鲜花"，如果能跟她们在一起，D男会心存感激，这就满足了女人被重视、被欣赏、被呵护的需要，而这样的关系也更容易幸福美满。所以，D男放手一搏，往往就抱得美人归了。

在外人看起来不太般配的"鲜花牛粪"组合，虽然与传统的"男才女貌"有点相悖，但从心理学角度来解释，就很容易懂了。当然，人心万变，凡事都有例外。不是所有的"鲜花牛粪"都是美满的，也不是所有的"俊男靓女"组合都靠不住。婚姻是否幸福美满，不是由外表决定的，它只是其中的一个因素，更重要的还在于经营。

这里只是提醒大家，在择偶的时候，不要单看外表。遇到了优秀的对象，别只关注对方的外表，要从双方的价值观、经济条件、受教育程度、社会关系等多方面进行考量。如果你是D男，大胆去追求喜欢的A女，只要你是真诚的，也可能有好的结局。如果你是A女，多点自信和信任，敢于自我破解，也能实现相对较优的组合。

🦌 26 | 最优决策只是一种理想，追求满意决策即可

两千多年前，哲学大师苏格拉底带着三个弟子去了一块麦田，让他们依次穿过麦田，并在穿行的过程中摘取一株最大的麦穗。要求只有一个：不能走回头路，只能摘取一株。

第一个弟子刚在麦田中走了几步，就看见一株饱满的大麦穗，他心里很得意，以为自己是最幸运的人，毫不犹豫地摘了。他接着往前走，可这一走就后悔了，前面竟然还有很多比自己刚刚摘的那株还大。他满心遗憾，想着若能重新选择一次该有多好。

第二个弟子吸取了前面那位师兄的教训，他告诫自己：一定得沉住气，千万不能犯他那样的错。一路上，他左顾右盼、东挑西拣，就为了寻找最大的麦穗。结果，当他走到麦田的田边时才发现，前面几株最大的麦穗已经错过了，只好将就着摘了一株。

第三个弟子在心理上做了充分的准备：他把整个麦田分为三段，走第一段时只观察不下手，在心里把麦穗分为大中小三类；走第二段时验证第一段的判断是否正确，及时纠正；走第三段时，摘下遇到的第一株属于大类中的麦穗，尽管它可能不是最大的一株。

　　我们做决策的过程就如同走进一块麦田，在穿过麦田的途中会有许多的麦穗吸引我们，致使我们挑花眼，不知道该摘取哪一株，我们会感到迷茫，也会有遗憾。

　　管理学大师赫伯特·西蒙认为："一切决策都是折中，只是在当时情形下可选的最佳行动方案。"事实上，任何问题都没有最优解，只有最满意解或相对满意解。所谓的最优决策只存在于理想中，但现实和理想有差距，我们只能根据有限的信息和局部情况，依照不那么全面的主观判断来进行决策。所以，不必把自己困在"最优解"中，通过麦穗理论的方法，追求满意的决策就可以了。

27| 当心冲动的感性思维，它会诱导你做出错判

　　春季到了，各种应季水果陆续上市，这对消费者来说自然是好事。然而，对水果商贩来说，冬季里积压的那些库存水果却成了亟待出售的"烫手山芋"，怎样才能解决这些库存呢？降价销售无疑是下下策，商贩们肯定不甘心，还有没有更好的策略呢？

　　当然有！找一些新鲜的叶子，摆在水果上面！消费者们看到这些叶子，会想当然地认为这些水果是最新鲜的，甚至是新摘的，于

是蜂拥而至。实际上，这些新鲜的叶子根本不是他们正在买的水果的叶子，但他们却因为这几片新鲜的叶子，买了在冷库中储藏了一冬的水果。

很多时候，我们会认为自己所做的决策是在理性情况下进行的，但正如上述案例所示，这可能是我们一厢情愿的错觉。事实上，多数人都是先依据情绪和喜好做出感性的判断或习惯性的选择，然后再利用逻辑来为这种判断和选择找到看似合理的理由。

以钻石为例，它并不比其他宝石更具优势，从蕴藏量上来说，红宝石、蓝宝石、绿宝石远比钻石更为罕有，可在人们的认知中，却觉得钻石更有价值。为什么会这样呢？这跟广告有很大的关系，如"一颗恒久远"，这就刻意强化了钻石与忠贞爱情的联系。这种错觉深入人心，以至于让一块普通的石头变成了营造浪漫爱情氛围的利器。

这也提醒我们，一定要警惕感性思维的冲动性，不管是买一件商品，还是选择合作伙伴，抑或是一生的伴侣，都要细细推敲、理性思考。有时，仅仅是因为导购热情友好，以及给了我们恰到好处的赞美，就可能让我们觉得这家商品的品质应该也是很好的，实际上这依然是我们一厢情愿的错觉。

无论是热情的服务人员，还是颇有修养的商务伙伴，和商品本身、公司实力并没有太大的关系，只是我们的感性思维与之联系了起来，形成一种错觉，让我们迅速做出判断和选择。殊不知，这样做无异于掉进了思维的陷阱。

遇到这样的情况，要及时提醒自己，别让感性思维占据上风，帮你去做决策。冷静一下，切换到理性思维模式，全方位地进行考虑，以减少冲动决策带来的错判。

Chapter3

洞悉人心：抢占人际
博弈的制高点

🦌 28｜摸准对方的心脉，让对方跟着你的思路走

每个人心里都有一块柔软、脆弱的心脉，想要在博弈中掌控主动权，就必须摸准对方的心脉。这是一种技巧，也是一种艺术，正所谓"知己知彼，百战不殆"。你得知道对方在想什么，才能抓住他的诉求，选择合适的策略，让对方跟着你的思路走。

乔·吉拉德是世界上最伟大的推销员之一，他在推销的过程中，就很善于洞察人心。

有一次，一位顾客找他买车，他给对方推荐了一款最好的车型。顾客对车子比较满意，也准备掏钱买了。可就在即将成交的一刹那，对方突然改变主意，离开了车行。这让乔·吉拉德百思不得其解，琢磨了一个下午，也不知道问题出在哪儿。

到了深夜，他辗转反侧、坐立不安，忍不住给那位顾客打了一个电话："您好，我是乔·吉拉德，今天下午我曾向您推荐过一部新车，眼看您就要买下，可怎么突然走了？"

对方听后，问道："老兄，你知道现在是几点吗？"

"非常抱歉，我知道现在已经很晚了，但是我检讨了一个下午，实在想不出自己错在哪儿，所以特地给您打电话，希望您能指教。"乔·吉拉德急忙解释说。

听到这里，对方问："真的吗？"

"肺腑之言。"乔·吉拉德回答。

对方还是不太相信："好，那你现在是在用心听我说话吗？"

乔·吉拉德表示："是的，非常用心。"

对方说："可是，今天白天，你根本没有用心听我说话。就在签字之前，我说我儿子要进重点大学读书了，我以他为荣。可你呢？一点反应也没有。"

乔·吉拉德的确不记得对方提过这件事，因为他当时根本没有注意，他以为生意已经谈妥了，没有留意对方说什么，而是在听办公室的另一位同事讲笑话，这就是乔·吉拉德失败的原因。顾客想买车，但更想得到他人对自己儿子的称赞。乔·吉拉德忽视了这一点，他只是想当然地以为"已经成交了"。

人际交往和沟通需要有一定的技巧，但更需要的是用心。作为世界数一数二的推销员，乔·吉拉德的销售能力毋庸置疑，可就因为没有抓住顾客的心脉，让即将到手的订单落空了。

美国汽车大王福特说过："假如有什么成功秘诀的话，就是设身处地替别人着想，了解别人的态度和观点。"这样做的话，你不仅能跟对方有效地沟通，还能及时获得对方的谅解，并且更加清楚地了解对方的思想轨迹。瞄准了目标，抓住了心脉，对方才愿意跟你合作。

周末，一位年轻的销售员在商场里为一对中年夫妇介绍液晶电视。两位顾客几乎把店内所有的牌子、不同型号的液晶电视都看过了，可还是没有购买的打算。这时，销售员没有流露出不耐烦的情绪，也没有催促他们赶紧买，而是不急不躁地跟他们聊起了家常。

销售员："您要买的液晶电视，是准备放家里的客厅吗？"

女顾客："嗨，家里老人要过来，这电视是给他们买的。"

销售员："是这样啊！您对老人还挺用心的。您现在犹豫的是什么问题呢？"

男顾客："我们俩都不怎么喜欢看电视，家里就一台老式的小电视。儿子马上就要中考了，我们怕看电视影响孩子。"

销售员一边表示理解，一边也在琢磨，如果继续介绍电视已经不可能促成这笔交易了，必须换个话题。很快，销售员就问："大姐，要不这样，您可以先预定，等一个月之后再来取。那样的话，既不会影响孩子考试，也不耽误老人收看。"

销售员这番话说得很朴实，打动了这对夫妇。他们放下顾虑，预定了一款液晶电视。

不得不说，这位销售员很会洞察人的心理。她知道，在顾客心里，孩子中考肯定是最重要的，如果此时不理解他们的感受，一味地介绍电视，就显得完全是为了业绩在推销，而没有理解顾客真正的诉求。抓住了对方的心脉——担心孩子考试受影响，继而提供相应的策略——先预定，过一个月后再取，就帮顾客解决了纠结的难题。

其实，无论对方出现什么样的思想，表现出什么样的行为，背后一定有他的原因。此时，最要紧的就是找出隐藏的原因，弄清楚他为什么会有那样的言语和举止。接着，问问自己："如果我是他的话，我会怎么做？"这样的话，能给自己省掉很多时间和烦恼，也能更直接、更顺利地掌控主动权。

🦌 29｜先拿出友好的姿态，影响他人做出相似回应

人是理智和情感兼具的动物，且情感的作用往往大于理智。大量研究表明，人际关系的基础是人与人之间的相互重视与相互支持："给予就会被给予，剥夺就会被剥夺；信任就会被信任，怀疑就会被怀疑；爱就会被爱，恨就会被恨。"其实，这就是我们常说的互惠原则：当你以友好的姿态对他人表示接纳和支持时，对方也会觉得"应该"给予你相应的回应，继而产生一种心理压力，迫使自己也做出相应的友好姿态。

1985年的埃塞俄比亚，可谓是饿殍遍地、贫困潦倒，经济完全瘫痪。连年的干旱和内战彻底摧毁了食物供应，成千上万的国民因疾病、饥饿而死。在这样的困境下，如果是墨西哥向它捐出5000美元的救灾款，大家不会觉得有什么，可报纸刊登的消息却称，埃塞俄比亚红十字会的官员决定向墨西哥捐赠5000美元，帮助当年墨西哥城地震的灾民。

为什么会出现这样的情形呢？虽然埃塞俄比亚当时急需援助，可1935年意大利入侵埃塞俄比亚时，墨西哥向他们提供过援助。听

到这样的解释，你是不是觉得能理解了巨大的文化差异，千山万水的阻隔，严重的饥荒，几十年的岁月，眼前的私利……这么多不利的因素，都没有阻碍埃塞俄比亚人报恩的需求——偿还人情债的义务感战胜了一切。

这就是互惠原则的威力所在！如果不选择回报，就要背负令人难以忍受的负债感，没有人愿意承受这样的重担。一旦受惠于人，就如同芒刺在身，总是不自在。对绝大多数人来说，宁愿痛痛快快地付出比自己所得还要多的东西，也不要让心理承受负债的压力。此外，一个人如果接受了他人的恩惠而不打算回报，在社会群体中也是不受欢迎的。

在谈判或人际博弈中，互惠原则必须牢记于心。有益的施恩，是不让对方产生反感，也不让对方觉得理所当然，这就要求把握好一个"度"。同时，千万不要让对方认为，你的施恩是理所当然的。学过心理学和生物学的朋友都知道，单一刺激反复进行，所产生的兴奋程度就会降低。为了让这种施恩的行为能够持续产生兴奋，就要让它随机发生，并且这种行为每次的间隔时间要长一点，最好让对方每次都意想不到。

🦌 30 | 从相似之处切入，一切都更容易水到渠成

美国心理学家纽加姆做过一个心理学实验：

让 17 名素不相识的大学生同住一栋公寓，在四个月的时间里观

察他们之间的亲疏变化。最初的一段时间，住在同一间房子里的学生关系都很亲密，但随着接触时间延长，学生的交际范围开始扩大，不再拘泥于同一房间。他们根据自己的性格、价值观等，寻找相似的人成为好友。

实验结束后，这些因彼此特性相似而结交的朋友，依然保持着亲密的联系。据此，纽加姆得出结论：人们都喜欢个性、对事物的观点、人生价值观等方面相似的人，这种现象在心理学上被称为"相似性原则"。

为什么人会喜欢同与自己相似的对象交往呢？从心理学上来讲，如果交往的对象与自己相似，社会价值观、个性品质和对一些事物的评价都一样，这样会更容易彼此信任，对人的心理和情绪起到积极的作用。相似的人组成一个团体，彼此之间很少会因为观点不同而发生争执，还能在心理上团结起来一直对抗外界的阻力，增强自身的安全感。

道理说完了，接下来就要落实到行动上。可是，问题来了，生活不可能如人所愿，我们也不可能每次都遇见跟自己相似的人，万一对方跟自己的想法不一样，怎么办呢？总不能因此就拒绝交往，那样的话，生活和事业的圈子都会越来越窄。

什么样的人才是真正的博弈高手？那就是，无论遇见什么样的人，彼此之间差异大不大，都能迅速地打开人心，与对方建立良好的关系。哪怕是进入一个陌生的环境，发现周围的人跟自己的性格爱好都不太像，也能尽快找出与他们之间的相似之处，让自己朝着这个方向积极地靠拢，尽快地融入环境。

画家梵高出生在一个牧师家庭，年轻时热衷于传教。25岁那年，他到比利时的矿区传教。那里的人靠采矿为生，终年穿着破旧的衣服，脸上全是煤灰。梵高刚到此处时，心里也是没底的，担心自己不被当地人接纳，一直在思考能用什么办法让他们认同自己。

有一天，梵高到矿上捡了一些煤渣，准备拿回家生火用。刚做完这件事，布道的时间就到了，他顾不得洗脸，立刻就上讲坛开始布道。没想到，这一次的布道比以往都成功，人们对他所说的观点频频表示肯定。等梵高兴奋地回到家准备洗脸睡觉时，才发现自己的脸上全是煤灰。那个瞬间，梵高就明白接下来要怎么做了。之后，每天早上起来，梵高都会往自己的脸上抹煤灰。很快，他就融入了当地人的生活中。

人的社交圈，以自己为圆点，以年龄、爱好、经历、知识等为半径，构成了无数个同心圆。与别人的共同点越多，交叉面积越大，越容易引起共鸣。在与他人交往时，找到合适的切入点至关重要。切入得好，一切都会水到渠成；切入得不好，就可能从此产生隔阂。

想要和他人搞好关系，根本用不着勉强搭讪，最有效的办法就是默默跟他做同样的事情，一旦你跟对方有了共同的"记忆"，也

就有了可供分享和讨论的资源。待到那时，陌生人之间的隔阂便会
自行消散。

🦌 31 | 无论发生什么样的状况，微笑都有积极效用

三个医生各自吹捧自己的医术如何高明。第一个医生说："我
给一个病人接好了腿，他现在是全国著名的运动员。"第二个医
生说："我给一个病人接好了手臂，他现在是全球有名的拳击冠
军。"第三个医生说："你们的医术都算不了什么！前不久，我给
一个白痴装上了笑容，他现在可是全世界最伟大的推销员。"

虽然是一则笑话，但也道出了一个事实：微笑可以有效地拉近
与对方的距离，快速地赢得对方的好感。这就是心理学上的"微笑法
则"。人们常说"伸手不打笑脸人""相逢一笑泯恩仇"，就是因为
微笑能让人感到愉悦、幸福，也是最能打动人心的"心理武器"。

沃尔玛的创始人山姆·沃尔顿传下来一条"三米微笑法则"。
每当他去巡店时，都会鼓励员工和他一起做一件事：在三米以内遇
到顾客时，微笑着与对方打招呼，同时询问能为他做什么。在情感
消费时代，消费者看重的不单单是商品本身，还渴望获得情感上的
满足、心理上的忍痛。竞争越发同质化的今天，能为顾客提供性价
比高的产品和良好体验的一定是赢家。

飞机起飞前，一位先生请求空姐为他倒一杯水，称需要服药。

空姐有礼貌地答应了，让他稍等片刻，说等飞机进入平
稳飞行的状态后，会立刻把水
给他送来。

一刻钟后，飞机已经进入
平稳飞行状态。突然间，乘客
服务铃急促地响起，空姐这才
想起，刚刚答应给那位先生端
一杯水，却因为忙于其他事给耽搁了，再看按响服务铃的座位，恰
恰就是那位先生。她连忙倒了一杯水，小心翼翼地送到那位先生跟
前，面带微笑说："先生，由于我的疏忽，耽误了您服药的时间，
真的很抱歉。"

此时，那位先生已经有些愤怒了，大声说道："怎么回事？你
们这是什么服务态度？"她试着解释，可对方很挑剔，一直揪着她
的失误不放，不肯说一句原谅的话。

为了弥补自己的过失，这位空姐每次去客舱为乘客服务时，都
会特意走到那位先生面前，微笑着问他是否需要帮忙。不过，那位
先生气性很大，每次都摆出一副不合作的样子。

飞机快到目的地时，那位先生要求空姐拿来留言本，看样子他
是要投诉这名空姐。飞机安全着陆后，乘客们陆陆续续地离开。空姐
心里紧张极了，被投诉服务态度不好，是一件很严重的事。她忐忑不
安地打开留言本，没想到上面写的竟不是投诉，而是这样一段话：

"你的真诚，你的12次微笑，深深地打动了我，也让我感受到

你真挚的歉意。所以，我决定把投诉信改成表扬信。你的服务质量很好，下次有机会的话，我还会乘坐此次航班。"

威尔逊总统说过一句话："如果你握着拳头来见我，我可以保证，我的拳头会握得比你还紧。如果你面带诚恳的微笑来见我，对我说'让我们好好谈谈，看看彼此之间意见相异的原因是什么'，那我就会保持良好的心态与你交谈。"

微笑是一个很神奇的东西，它能推动事态朝着好的方向发展，能化解人与人之间的矛盾，在意见产生分歧时软化对方的态度，缓解对方的不良情绪。

不过，也有人会质疑："真到了非常生气的时候，怎么还能笑得出来？"其实，就因为多数人在生气时难以保持微笑，才逐步导致事件恶化。所谓的修养和内涵，智慧与情商，关键就体现在一个人能否控制自己的情绪。

真诚的微笑，就像一个神奇的按钮，即刻接通他人友善的感情，它用无声的表情告诉对方：我喜欢你，愿意成为你的朋友；同时，它也在说：我想你也会喜欢我。不管是谁，见到这样的面孔，都不会拒绝。

🦌 32 | 感受胜过事实，要让对方感觉他很重要

1915年，第一次世界大战爆发之后，欧洲各国都加入了激烈的

征战之中。为了实现人类的和平，威尔逊做了一个决定：派一位私人代表作为和平特使，与欧洲各方进行谈判。

国务卿布里安一直都主张和平，他很想获得此次机会。如果这件事做成了，他既能够实现名垂史册的抱负，也能为更多的人谋得福祉。然而，威尔逊没有将这项任务交给他，而是选择赫斯上校做了和平特使。

赫斯上校接受这样的使命，内心自然是高兴的，可他也面临着一个难题：必须把这个消息告诉布里安，还不能惹怒他。这确实是一件棘手的事，该怎么处理才好呢？聪明的赫斯上校，在这场博弈中采用了一个非常高明的策略。

赫斯上校找到布里安，把自己要去欧洲做和平特使的消息告诉了他。正如他所料，布里安非常失望地说："我也希望自己能够做这件事，能为人类的和平付出一份力量。"赫斯上校听后，说道："总统之所以没有选您，主要是因为这是一件任何人都能去做的事，派您去可能会引起别人的注意。人们会纳闷：我们的国务卿去哪儿了？是不是发生了什么重要的事情？"

听到这样的解释，布里安的情绪很快恢复了平静。他坚信，不是总统认为赫斯上校比自己更有能力胜任这项任务，而是国务卿的身份太重要了，不适合做这样的工作。

事实是否真的如此，已经不重要了。重要的是，赫斯上校用这样的方式让布里安获得了尊重和满足。在处理这件事的过程中，赫斯上校抓住了一个重要的人际关系法则，那就是：尊重他人，满足他人的自我成就感，让对方感觉他很重要！

约翰·杜威教授曾说过："人类最迫切的愿望，就是希望自己能受到别人的重视。就是这股力量促使人类创造了文明。"哥伦布喜欢别人称呼他为"海洋的司令"或是"印度的副王"；乔治·华盛顿喜欢被人称为"伟大的总统"。当雨果听说巴黎的部分街区重新用他的名字命名后，激动不已。就连莎士比亚这样的人物，也绞尽脑汁想为自己的家族弄到一枚象征着贵族的盾形徽章，突显自己的名声。

请叫我"海洋的司令"

名人、伟人如此，普通人也如是。国外有一个小姑娘，某天突然间觉得自己长大了，要承担诸多的压力，而她自己又没做好心理准备，看不到未来的希望，就倒在了床上。接下来的十年里，她完全不能自理，终日由母亲照料生活起居。直到有一天，母亲精疲力竭地离开了这个世界。最初，小姑娘还是躺在床上，可是过了几个礼拜之后，她感觉也没什么意义了，竟然自己爬了起来，像过去那样自己穿好衣服，重新开始了自己的生活。

有一些生理疾病可能会诱发神志不清，致人患上精神疾病，比如脑细胞损伤、性病等。然而，现实中的情况是，因为这些生理原因诱发的精神疾病，所占的比例只有一半，而剩下的那一半，就像刚刚讲到的那个奇怪的小女孩一样，根本不是生理上的问题。美国著名的精神病专家表示，没有人知道具体的答案是什么，但有一点可以肯定，那些人在神志不清的状态下，可以体会到被尊重、被关心、被照顾的感受，而这种感受他们无法在现实生活中得到。

一个人如果太渴望被人尊重、被人关爱，他就会用极端的方式来得到它，哪怕是失去理智，使自己变得神志不清。事实上，我们完全可以通过赞美和欣赏的方式来阻止这样的悲剧发生，也可以利用人的这一心理，让他改变对某些事物的看法，化解冲突和紧张的局面，让自己跳出尴尬的境地。

事实上，我们身边的每个人都有各自的优点，以及值得他人学习的地方。我们要做的就是，努力让他们体验到这种感受，不留痕迹地让他们感受到自己很重要。这种方式既能够成全他人，也能为自己赢得友谊和信任，何乐而不为呢？

🦌 33 | 善用换位思考，柔和地让对方放下成见

德国心理学家做过一个心理学实验：他们将受试者分为两组，给每人一百美元去赌钱。在进入赌场之前，测试者对其中一组人说："如果你们选择不堵的话，你们会失去百分之六十的钱。"结果，几乎所有的人都去赌了。测试者又对另一组人说："如果你们选择不赌的话，你们就会得到百分之四十的钱。"结果，绝大多数人都没有进赌场。

这是一个很有意思的实验，它阐述了一个重要的心理学问题：在处理任何事情时，由于认识和思考的方法不一样，心理反应也不尽相同，引出的结果也可能既然相反。这也提醒我们，在谈判博弈的过程中，不能只想着自己的立场，适当的时候要学会换位思考。

这需要我们将自己的内心世界与对方的内心世界连接起来，设身处地地思考问题。换位思考体现出的不仅仅是理解，还有对他人的关爱。当然了，有时也是跟对方拉近关系、化解矛盾的一种博弈策略。

有一户法国人家想在城里租房子，跑了一整天，总算找到一栋要出租的房。丈夫敲开房东家的门，询问是否可以把房子租给他们。房东是两位老人，看着眼前的这对夫妇带着一个五岁左右的孩子，摇了摇头，礼貌地回绝了他们："不好意思，我们不想把房子租给带孩子的租户。"

刚刚萌生的希望就这样破灭了，夫妇两人很遗憾，只好准备离开。出人意料的是，孩子竟然拉住父母，说："让我试试。"他敲开房东家的门，见到房东后礼貌地说："老爷爷，我想租这个房子。我没有孩子，只有两位老人。"房东听了这番话，笑着答应了孩子的要求。

同样一件事，成年的父母没有做到的，五岁的孩子却做到了，问题出在哪儿呢？其

实，最为关键的点就是，孩子从房东的话里琢磨出了房东的心理：
房东不愿意将房子租给带孩子的家庭，就是担心小孩子不懂事，影响到自己休息。

　　孩子捕捉到了这个信息，站在房东的立场上转换了请求的方式：
"我没有孩子，只有两位老人。"孩子主动在房东面前表现出了自己
机灵懂事的一面，消除了房东内心的顾虑，让房东改变了主意。

　　学会换位思考，可以打破局限性。遇到问题的时候，可以柔和地
让对方放下成见，效果远比争论好得多。要做到这一点，知彼知己就
显得格外重要。当你想要说服谈判对手做某件事，在开口之前最好先
问问自己：我怎么样才能让他愿意做这件事？

　　心理博弈的高手，都懂得从对方的需求出发，设身处地地去思
考问题。事实上，也只有用这样的方式，才更有可能制定出容易打
动对方的策略。

🦌 34 | 学唱"红白脸"，引导对方做出最优选择

　　在警察局里，有个犯罪嫌疑人拒不招供，警察们虽然已经掌握
了大量的证据，可面对这样的情况，还是感到很棘手。这时，为了
突破对方的心理防线，负责此案的警察邀请自己的一位同事来"唱
白脸"，对犯罪嫌疑人进行警告，施加压力，声明一定会追查下去
并提起诉讼。面对这样严厉的警告，犯罪嫌疑人的心理可能会出现

一些松动，可又不敢直接跟这个态度强硬的警察接触。

接下来，就轮到负责办案的警察出场了。他找到犯罪嫌疑人，明确地告诉对方："如果你如实交代所有的事情，我向你保证，我的同事不会再审讯你，他会放弃调查和起诉你。"有了前面一系列的恐吓与惊吓做对比，犯罪嫌疑人会觉得终于遇到了一个"好说话"的警察，在权衡轻重之后，他往往会主动做出选择，配合警察。此时，负责办案的警察也就达到了最初的目的。

从心理学角度来说，警察采用的这种方法就是"红白脸策略"，其核心就是利用谈判者既想与对方合作，又不愿意与感到厌恶的对方人员打交道的心理，于是自己选择"唱红脸"，保持温和谦恭的态度；让那个令其感到厌恶的人"唱白脸"，表现出强硬、咄咄逼人的架势，给对方制造压迫感，让其产生不适与恐惧心理，促使其放弃对抗，朝着合作的方向靠拢。

从博弈的角度来看，红白脸策略其实是制定了两种不同的选择，对承受者而言，拒绝或妥协会带来不同的结果。相比之下，妥协或许是更为明智的选择，也就是最优的选择。尽管达不到利益最大化，但起码还是"有利可图"的，毕竟通过合作可以获得"唱红脸"的人承诺的那些优惠或益处。

如果我们在谈判中发现对方在使用红白脸策略，那该怎么处理呢？最妥帖的策略是，看看双方之间的利益差距有多大，如果差距不大，就没必要冒险对抗了；如果差距很大，就值得鼓起勇气进行进一步的博弈。

🦌 35 | 巧妙借助配套效应，改变对方的适应系统

18世纪，法国哲学家丹尼斯·狄德罗收到朋友送的一件质地精良、做工考究的睡袍，他穿着新睡袍在书房里走来走去，总觉得身边的陈设是那么不协调：家具或是太破，或是风格不符，地毯的针脚也粗得吓人。为了和睡袍相配，他把旧的东西陆续更新，书房终于跟上了睡袍的档次。可这时候，他心里却不舒服了，因为他发现自己居然"被一件睡袍胁迫了"。于是，他就写了一篇文章——《与旧睡袍别离之后的烦恼》。

200年后，美国哈佛大学经济学家朱叶丽·施罗尔在《过度消费的美国人》一书中提出了一个新概念，即"狄德罗效应"，指的是人们在拥有了一件新物品后，总倾向于不断配置与其相适应的物品，以达到心理上的平衡，这种规律后又被称为"配套定律"。

A和B是两位汽车销售员，在推销的过程中，他们也都意识到，如果能给客户推销更好更贵的内饰，可以带来更多的盈利。

最初，A和B都选择用这样的方式来推销：每次卖出车辆后，直接向客户推销各种昂贵的内饰，且把这些产品逐一介绍一遍。如果客户接受这些装配，可以获得4S店额外赠送的一套真皮座椅。听起来是挺有诱惑力的，可关键是价格昂贵，动辄好几万，多数客户望而却步。尽管他们推销得很卖力，但业绩并不理想，每个月至多有一两个有钱的客户会选择高档配饰。

后来，销售员B更改了推销策略：他不再直接介绍高档的内饰，

而是给客户介绍一些便宜的、普通的内饰，在客户挑选好产品后赠送他们一套昂贵的真皮座椅。自从用了这个方法后，几乎每个月都有二十几位客户顺利安装了全套的高档内饰产品。

两种销售策略带来的结果为什么相差如此之大呢？原因就是，当销售员赠送了高档的真皮座椅后，客户往往会发现，车内的其他配饰与之不搭，档次太低，且对比非常明显。于是，他们就会主动要求更换更高档的方向盘套、地毯之类的东西。

销售员B在与客户的博弈中，成功运用了配套效应，以真皮座椅为诱惑，让客户在不经意间受到干扰，最后改变了自己的想法和立场。这就提示我们：人们通常无法在第一时间意识到，自己接受了某个新物品后，这个新物品可能会在自己的生活中产生连锁反应。正因为某些物品会对个人的适应系统造成影响，所以在谈判的过程中，我们不妨借助这个效应来改变对方的适应系统，掌握博弈的主动权。

🦌 36 | 对少数人进行奖励，而不是全部的人

某公司的销售部有五个团队，其中最具竞争力的是第二团队，几乎每个季度的业绩都是第一。有朋友问第二团队的经理："你是怎么做到的？"这位经理只说了一句话："想让整个团队获得成功，最好的办法就是对少数人进行奖励，而不是全部的人。"

　　朋友有些诧异，在他的印象中，多数人都认为团队的成功是大家共同协作的结果，每个人成员都应当获得赞赏和奖励。第二团队的经理解释说："团队的成功，肯定包含了所有人的付出，每个人都值得称赞。但每个人都有贡献并不意味着要对每个人论功行赏。把这份奖励给予少数的几个人，更能推动团队的进步和成长。"

　　也许有人会认为，这位经理的做法有失公平，只照顾了少数人的利益，会让团队中的其他人感到寒心和失望。但是作为管理者，绝对不能用这样的方式去思考和处理问题。当一个团队接到某项任务时，每个人都会不由自主地琢磨：完成了这项任务，我能获得什么好处？经过一番努力，最后顺利完成此项目后，大家的这一想法就变得更强烈了。这个时候，管理者要面对的是一场利益上的谈判。

　　显而易见的是，团队中不会有人站出来说"完成了这项任务，我需要什么样奖励"，但是潜在施加的压力是存在的，深谙人心的管理者自然也明白，他不可能试图去满足每个员工的胃口，所以最好的办法就是对这种压力进行转移，只奖励团队内部少数的核心员工，如给予更多的奖金或福利，或进行提拔。

　　这样做的原因很简单：一来可以减少奖励的总额，避免让管理者陷入被动的处境；二来团队内部每个人的贡献不同，完全平等的奖励不合理，而这种不平等会刺激内部竞争。只给少数人奖励，其他人会意识到一个问题：自己只有成为团队中的最强者，才会获益更多。

从博弈的角度来说，管理者采取少数奖励的策略，是一种较为冒险却又非常实用的谈判方式，能以更小的代价（奖励数额）来保持对团队的激励效果。所以，想要征服多数人，最重要的就是征服多数人中最重要的少数人，因为那部分人是真正拥有实力和话语权的人。

🦌 37 | 自怜是人类的习性，同情可以化解隔阂

戴尔·卡耐基说过："世界上有一句非常神奇的话，它可以阻止争辩、消除怨恨、营造好感，还能吸引别人。就算是世界上最狡猾、最固执的人，听到这句话也会被软化。这句神奇的话就是：对你的所作所为，我没有丝毫的责怪，如果我是你的话，或许我也会那么做。"

奥尔科特女士是《小妇人》的作者，卡耐基在一次播音演讲中提到了她。他知道，这位作者是在马萨诸塞的康科德长大的，并且在那里完成了她的名作。但因为口误，他不小心说成了"我曾经到新罕布什尔的康科德拜访过她的老家"。如果只说了一次"新罕布什尔"还情有可原，可惜他一连说了两次。之后，他收到了很多质问和指责的信函，很多信简直就是侮辱。

一位住在费城的老太太，她也是在马萨诸塞的康科德长大的，对于卡耐基的口误，她表现出了极大的愤怒。读到她的那封信时，

卡耐基感慨万千地说："感谢上帝，幸亏没有让我娶到这样的女人。"他本来想给这位太太回一封，告诉她自己虽然说错了地名，可她也用不着表现得这么粗鲁无礼。不过，他还是克制住了自己的情绪，知道自己要是真的那样做了，就太愚蠢了。

卡耐基不想跟她争执，只是希望让她把仇视变成友善。他告诉自己："如果我是她的话，可能也会有那样的感觉，说出那样的话。"后来，他去费城的时候，给这位老太太打了一个电话。

卡耐基说："夫人，几个礼拜以前我收到了您寄来的信，真是感谢。"

电话另一端传出柔和、流利的声音："很抱歉，您是哪一位？我实在听不出来。"

"我叫戴尔·卡耐基，对您而言，我应该算是一个陌生人。在几个礼拜前，您收听了我在电台的节目，我把《小妇人》作者奥尔科特女士的出生地说错了，犯了这么愚蠢的错误，实在不应该。为了这件事，我特意向您道歉。同时，也感谢您花费那么多的时间和精力为我指正错误。"卡耐基诚恳地说道。

对方说："实在对不起，卡耐基先生，我在信里向您粗鲁地发脾气，请您原谅。"

卡耐基说：""您不该向我道歉，错的人是我，该道歉的人也是我。我想，一个小学生大概也不会犯那样的错误。我后来已经在电台更正了自己的错误，现在我想亲自向您道歉。"

对方说："我是在马萨诸塞的康科德长大的，两百多年了，我的家庭在那里一直很有声望，我的家乡也是我的骄傲。所以，当我听你说奥尔科特女士是新罕布什尔州人的时候，我心里很不舒服。可不管如何，我写了那样一封信，实在是很不好意思。"

卡耐基说："别这样说。像您这样一位有身份、有地位的人，能给电台播音员写信指出错误是很难得的。如果以后我的演讲中再出现什么错误，希望您还能告诉我。"

对方说："你这么谦虚地接受别人的批评，真的让人很喜欢你。我相信，你在生活中是个不错的人，我想跟你成为朋友。"

盖慈博士曾在他的著作《教育心理学》一书中写道："人类普遍地追求同情，孩子们会急切地显示他受伤的地方，有的甚至故意把自己割伤、弄伤，以博取大人们的同情。"

何止是孩子会这样？成人也一样，他们可能会到处向人说他的意外事故，说自己的疾病、自己的苦闷……要知道，自怜是人类的习性。在日后的人际交往中，当你与对方处于对峙或博弈的状态中，想化解彼此间的隔阂，化被动为主动，同情对方是一个不错的切入口。

🦌 38 | 趋利避害是人的本能，善用小利益俘获人心

说起博弈高手，不得不提到一个有趣的人物——阿凡提。虽说这是一个虚拟的人物，可他的机智风趣还是给人带来了不少的快乐和收获。剧中有这样一个情节，阿凡提用智慧帮助贫苦百姓惩治黑心地主巴依，整个过程把趋利法则演绎得淋漓尽致。

有一次，阿凡提找吝啬又贪财的巴依老爷借锅用。巴依老爷很不乐意，可是看到阿凡提愿意以自己的毛驴作为抵押，他还是同意了，只是再三强调，第二天一定要还回来。

阿凡提很守信用，不仅按照约定的时间把锅还了回来，还顺便带了一个小锅。巴依老爷很意外，就问："阿凡提，你来还我的锅，为什么还要带一个小锅？"

阿凡提凑到巴依老爷的耳边，小声地说道："巴依老爷，你可不知道啊！昨天你借给我的锅，是一个怀了孕的锅！今天早上我往你家走的时候，它刚刚生下这个小锅，所以我就把这个小锅也带给你了！"

巴依老爷心里嘲笑阿凡提："真是个蠢货，锅怎么可能生小锅呢？"可是，为了得到那个小锅，他还是装模作样地对阿凡提说："是啊，我都忘记了，昨天我借给你的锅是怀了孕的锅。今后，你想借什么东西就来我这里吧，不用客气。"

自那以后，不管阿凡提向巴依借什么东西，归还的时候都会带一个小的东西。巴依老爷很高兴，心里不断地嘲笑阿凡提傻，却又

乐此不疲地享受着获得附加物的快乐。

一个多月后，阿凡提着急忙慌地找到巴依老爷，说："巴依老爷，我娘生了很重的病，我想借你的那口金锅给我的母亲熬药。"巴依老爷转了转眼睛，心想："这次可是金锅啊！等他还给我的时候，我不就能拥有两个金锅了吗？哎呀，一定要借给他！"

就这样，巴依老爷把自己祖传的金锅取出来，借给了阿凡提。可是，过了好长时间，阿凡提都没有把金锅还回来，更别提送小金锅了。巴依老爷终于沉不住气了，他亲自去找阿凡提，准备把金锅要回来。

不料，他刚要出门，阿凡提就气喘吁吁地跑过来，说："巴依老爷，大事不好了！你借给我的那口金锅，因为难产死掉了！"巴依老爷大惊，瞪着眼睛说："胡说！一个锅怎么会因为难产死掉呢？你分明是在骗人。"

阿凡提大声地回答："巴依老爷，你既然相信锅可以生小锅，为什么不肯相信锅会因为难产死掉呢？"巴依老爷哑口无言，不知道该怎么回应。他不仅因为自己的贪婪失去了祖传的宝贝，还成了大家的笑柄。

在和巴依的博弈中，阿凡提运用了趋利法则，即利用一些小的利益让巴依倾向自己。他知道巴依是一个贪婪的人,所以投其所好,每次去的时候都给他一些好处,最后轻松地拿走了他的宝贝,让巴依无话可说。其实,这样的博弈策略,在现实中也有很多的用武之地。

　　双方在寒冷的冬季商谈公务,双方都处于胶着的状态时,其中一方主动为另一方倒了一杯热茶或咖啡,看似是一种关心的举动,实则背后还有另外的意义。当对方喝下热饮后,身心会感到放松,此时他更容易动摇立场。为此,我们经常会看到,在商谈重要事宜时,人们都习惯请对方吃饭、喝茶,看似是一个约定俗成的规矩,实则还是趋利法则的应用。因为,当对方降低戒备心理的时候,更容易被说服。

Chapter4

识破欺骗：杜绝沦为
被操纵的"棋子"

🦌 39 | 有了被操纵的弱点，容易丧失自我掌控权

任何博弈都是人心与人心的较量，因而在人际互动中，操纵与反操纵就成了一个永恒的话题。无论是生活交往，还是商业谈判，没有哪一方愿意被操纵。但很多时候，我们还是会在不知不觉中被隐藏的操纵者控制，虽然大脑没有意识到被人左右的局面，可内心的纠结、两难、犹豫却让我们深陷痛苦之中。

网上曾经报道过这样一则消息：有位老人终身行善，最终却被慈善机构逼得跳桥自尽。听起来令人震惊，也让人心寒，这到底是怎么发生的呢？

这是一位名叫Olive的英国妇人，她的父亲和丈夫在两次世界大战中先后阵亡。从16岁开始，Olive就靠卖罂粟花给阵亡的烈士筹款，以寄托自己对逝去的亲人的思念之情。每年十月中旬过后，不少英国人的胸前、汽车上都会佩戴红色的罂粟花，为的就是纪念那些在战争中死去的军人们。Olive的这一善举坚持了整整60年，她把卖花的收入和退休金捐给了近30家慈善机构。

年复一年地为慈善机构捐款，Olive的经济变得捉襟见肘，当她罹患乳腺癌时，竟然连治疗费用都拿不出。面对这样的困境，她没有得到任何的同情和帮助，反倒不断被慈善机构骚扰。他们不分日夜地打电话给Olive，有时她要花上1个小时甚至更久的时间来接听，以至于都无法跟家人通电话。另外，Olive每个月都会收到超过260家

慈善机构索要善款的信件，为了尽快读完这些信，她经常要花上大半天的时间。

即便如此，Olive从来没有拒绝过慈善机构的要求，她不想让别人失望，只是面对越来越多的电话和信件，她有点不知所措。在催促捐款的压力下，Olive开始变得异常压抑和痛苦。直到有一天，她寄给孩子的250英镑莫名其妙地丢了，这让Olive彻底崩溃。

Olive说，她已经拿出太多，但再也拿不出更多。而后，她从布里斯托的铁索桥上跳下，结束了自己的生命，永远摆脱了24小时不间断纠缠着她的慈善机构。

看过这篇报道后，众多网友都表示很难过，忍不住发声。有人说，一辈子乐善好施的人太少了，慈善组织不该抓住这样的人无尽地索取；也有人说，是Olive不懂拒绝，既然对方好意思为难她，她就该好意思回绝；还有人说，用公益进行道德绑架，比抢劫还要可怕！

事已至此，说什么都无法挽回Olive的生命了，但她留给了我们无尽的深思：为什么一个好人会被逼到走投无路的境地？为什么她会轻易被慈善机构操纵？我们的身上是不是也有和Olive一样容易被操纵的弱点呢？

被操纵的人生犹如一场噩梦，心灵的自由被禁锢，所有的快乐也被没收了。现在，你不妨对号入座，看看自己身上是否具备下列特质。若有的话，你就要小心了，这些可是多数被操纵者共有的特质！

· 特质1：习惯讨好

如果你认为自己的存在是为了满足他人的需求，那么你就具备了被操纵者的第一个特质。你的情绪完全跟随着他人对你的期望，你答应别人的请求并非完全出于自愿，也不是真心想去帮助他人，只是害怕无法满足他人的期望。其实，你不必活得那么卑微，没有一个生命是为了满足他人而存在的，别人怎么看你，对你有何期望，不是你活着的唯一目标。

· 特质2：负面情绪

当一个人的心里背负太多的负面情绪，如孤独、愤怒、忧郁、焦虑等，就很容易与人发生对立和冲突，继而被人操控。因为他们经常会让自己陷入孤立无援的境地，与外界的一切信息隔离。此时，他会很容易接受他人灌输的观念，被人洗脑和操纵。

· 特质3：不懂拒绝

很明显，Olive就属于这类人，不懂得拒绝。当他们跟别人说"不"时，内心会充满内疚和罪恶感，总觉得这样做就会令别人失望。习惯了退让和妥协，就会让那些试图利用他们的人得寸进尺。要知道，拒绝别人不合理的请求不丢人，这是对自己负责。如果你觉得实在难以启齿，试着保持沉默，或者转移话题，都比委曲求全好得多。

· 特质4：自我缺失

很多人不清楚自己在一段关系中的位置，也就是我们常说的"没有自我"。自我缺失直接引发的问题就是依附，缺乏完整的独立意识，没有成为真正的自己，很容易被他人控制。当这种依附感越来越强时，就会面临"得到"和"求而不得"的失衡。若要摆脱他人的控制，就得先找回自我，学会对自己负责，人只有成为真正的自己，才有可能达到与他人的和谐，让彼此的关系成为相互支持，而不是相互需要。

看到这里，是不是对很多问题有了全新的认识？当我们习惯了一种处理问题的模式后，很难在朝夕之间就将其彻底改掉，但觉察到了问题所在，总好过困囿其中而不自知。要知道，发现问题，正是改变的开始。

🦌 40 | 注意别有用心的暗示，免得受制于人而不自知

加利福尼亚大学精神病理学教授杰根·路易士博士曾经说过："人类除了语言，还能使用七十万种以上的信号来交流意识。"这些语言之外的"信号"，指的就是暗示。

什么是暗示呢？从字面意思上看，"暗"即对方无从觉察，"示"即一定意图的指示，结合起来就是让对方自然地、无从觉察而又毫无抵触地接受一种人为的有意图的指示，它不是直接命令对方怎么做、做什么，而是让对方自然地接受我方的想法，在无意识中接收到这个信息，并产生相应的观点。

举一些生活中的例子：你跟朋友一起喝茶聊天，刚开始品茶时没觉得对方所沏的茶有什么特别，可当听对方说这种茶如何好、如何来之不易后，再品同样的一壶茶，就会觉得格外清香；走进一家

装潢考究的店铺，虽然没有人看到商品的价格，却自然而然地觉得里面卖的东西价格不菲，档次也很高；更有意思的是，如果哪天有朋友皱着眉头说你脸色不太好，问你是不是平时疏忽了保养，你很有可能回去就买上一堆护肤品……这样的情况，都是心理学中的暗示现象。

暗示能够影响人们原有的行为方式或心理状态，相信实际上并不存在的东西。任何人都无法抵抗暗示的力量，至少在某些情况下，一个人对于自己的行动在短期内会失去意识上的控制力量。在整个行为过程中，他会以为一切都源于自己的主动性，即便感觉有为难之处，也不会介意，因为那是自己做出的选择。这是暗示最可怕的地方。

为什么暗示会有如此强大的威力呢？

在心理机制上，它是一种被主观意愿肯定的假设，这种假设未必有依据，但因为主观上已经肯定了它的存在，心理上就竭力地趋向于这项内容。这种假设建立在自我的基础上。换句话说，我们之所以会受到暗示的影响，关键在于自我的不完善。

人都是不完美的，却又追求完美的本性，因而在做决定的时候会变得犹豫不决，渴望从外界获得更好的意见。当我们缺乏自信，不知如何抉择时，就很容易被他人的言语所左右，按照他人的言语去做，从而被暗示。在有些情况下，这样的暗示是很危险的。

国外有一位年轻的妇女厌倦了自己年迈的伴侣，特别是在丈夫经济出现危机后，就开始处心积虑地筹划自己的将来。她总是有意无意地提醒丈夫，自己和他之间的年龄差，流露出对孩子的渴望。每当此时，丈夫就对她充满了愧疚感。在一份妻子"无意"放在桌上的保险广告的影响下，他为妻子买了大额的人寿保险。

终于有一天，夫妻两人在田野里散步时，妻子说起两人在前一天都听过的一则关于自杀的故事，她还故作天真地说："怎么可能有人能那样把自己打死呢？你做给我看看，是不是有可能？"接着，丈夫真的把猎枪伸进了自己的嘴里……结果，你也猜到了。

这位妻子深谙暗示之道，她一直为夫妻间的年龄差耿耿于怀，而丈夫的自我防御机制让他把愧疚和担忧埋在了心里。对于两个人的未来，他的心理意象也很模糊，而妻子借助暗示逐渐让丈夫的愧疚感变得明朗化。接着，她不断地重复说同样的话，且制造了一个视觉形象，那就是终日以泪洗面。虽然她没有直接说什么，可丈夫还是感受到了强烈的暗示："如果不为妻子做点什么，她今后的生活没有保障。"这时，他已经彻底相信自己总有一天会完蛋。

为什么这位先生能够被妻子的暗示控制呢？原因还是我们前面说过的，他的自我不完善，内心深处隐藏着强烈的自卑。糟糕的是，妻子看透了他这个人，利用了他的这一心理。如果他能够自信一点，客观地看待这件事，或许就能发现妻子在他的经济状况开始走下坡路后表现出的一切行为都是十分可疑的。

这个特殊的案例提醒我们，一旦潜意识被人操纵，我们就会受制于人而不自知。所以，我们必须学会识别和防范那些别有用心的暗示。

暗示的核心是潜意识，而潜意识通常是在潜移默化中形成的，还带有重复性。所以，当有人经常有意无意地提到同一个问题时，我们就必须提高警惕。同时，暗示作为一种心理战术，不是意志坚定就能摆脱。相反，意志坚定的人反而更容易被催眠。如果你发现某种暗示带有持续性和说服力的时候，一定要多问问"为什么"，让提问者说出他的真正意图。最后一点要说的是，想不被暗示牵着鼻子走，一定要不断强化个体内心世界的自我。

🦌 41 | 互利性原则，有时也会变成不对等的博弈

提起这个世界上最难还的债，想必多数人都会说：人情债！

Z的父亲生病住院急需用钱，朋友Y听说后，还没等Z开口，立刻就给他转过去5000元。这让Z大为感动，毕竟锦上添花的人多，雪中送炭的人少。待父亲病好后，Z决定辞掉在外地的工作，回到父母所在的城市工作，Y是他的老乡，在这个城市有一定的人脉，得知Z要找工作，热心地帮他介绍关系，甚至还帮他整理简历。

看到Y如此真诚地帮自己，Z的心里大为感动。为了表示感谢，Z特意请Y吃饭，联络感情的同时，也聊表谢意。席间，当Z举杯向Y

表示感谢时，Y却说："这有什么呀！大家都是朋友，你要是这么客气，那就没把我当朋友。"随即，Y又叹了口气，说："其实，我也不是什么太有能耐的人，赚着死工资养家糊口，可咱们认识这么多年，关系也不错，我不能袖手旁观……"此话一出，Z顿时不知道该怎么接了，心里却感到格外沉重。

"不"！

不久之后，Y主动找到Z，说有事相求。Z从事的是法律工作，Y想让Z给自己的亲戚做诉讼代理，却迟迟不肯提费用的事，看他的架势，好像是打算让Z免费帮忙。Z感到很为难，毕竟诉讼代理一件案子也不轻松，他也要拖家带口地生存。Y大概看出了Z的心思，突然就把话题扯到Z父亲住院的事，还有他帮Z介绍关系找工作的事。一时间，Z纠结极了，他觉得自己没有办法回绝Y，若真开口说了心里话，简直就成了"忘恩负义""自私自利"的人。就这样，Z妥协了。

有没有觉得，Y可能早就有让Z帮忙做诉讼代理的打算，之前所做的一切全都是有目的性的？他没有给Z回绝的机会，却也暗示Z说自己做这些事情并不容易。Z欠了Y两份人情，到了Y提出要求的那一刻，纵然不太合乎情理，Z却还是为了那两份人情债，违背了内心的意愿，完完全全受制于Y。

为什么Z会觉得难以拒绝Y的请求呢？

从心理学的角度来看这场博弈，"互利性原则"起到了很大的作用。人类学家奥莱尔·蒂格尔和罗宾·福克斯认为，互利性原则是人类的一种适应机制，即通过创造一种有效率的社会关系，形成商品互换的模式。

大家都觉得人情债不能欠，原因就是社会舆论对于获得利益却不回馈他人的行为是持谴责态度的，这样就形成了一种约束力。没有人希望自己在别人眼里是一个黑心的牟利者，所以都不自觉地遵照这个原则来行事。当Z遇到了Y，这种"无法拒绝"的心理就被利用了，互利性原则就变成了一场不对等的心理博弈。

如果你也跟Z一样，是互利性原则的遵从者，现在，你必须擦亮眼睛，狠下心肠，对别有用心的献殷勤者说"不"！如果有人总是在你面前诉说他为你做过多少事，那么下一次他再献殷勤的时候，你不妨直言："谢谢，这件事情我自己能解决。"

也许，对方最初会表现得很受伤，可试过几次之后，他就会明白，你根本不吃这一套。然后，他就不会再试图用这样的方式控制你了。有机会的话，你可以试试看！

🦌 42 | 可怜之人必有可怕之处，当心过度依赖

在一次聚会上，Ella认识了姑娘H。姑娘H看起来很安静，她坐在一个角落望着热闹的会场，眼神里流露出一种独特的光芒。Ella是一个摄影师，看到这一幕时就想：要是这个姑娘能给我做模特，该有多好啊！

Ella主动给姑娘H递了一张名片，两人互相做了自我介绍，就闲聊起来。没想到，姑娘H和Ella果然气场相投，她们都很喜欢艺术，相聊甚欢。分别的时候，两个人就像熟识已久的好友。

后来，Ella又跟姑娘H见过几次面，还邀请她到自己的摄影工作室。可能是彼此之间比较熟了，姑娘H主动给Ella讲起自己的经历。她很小的时候，母亲就去世了，她一直跟随父亲生活。父亲有酗酒的习惯，还喜欢骂人，她内心有强烈的不安全感。成长的阴影伴随着她，让她在感情的路上栽了不少跟头。

听了姑娘H的遭遇，Ella对她多了一份心疼，忍不住想要照顾她。当姑娘H听说Ella在摄影大赛上获了奖，要扩大工作室的规模时，她流露出羡慕的神情，说："我真为你高兴，你是我认识的女性朋友中最优秀的一个。你扩大工作室的规模后，一定也需要人帮忙，我很想给你做助理。"

起初，Ella婉言谢绝了姑娘H的好意，但姑娘H立刻就蹙起眉头，眼眶里还噙着泪水，说："是不是我不够好？这么多年，我觉得身边的人都不喜欢我、不接受我。认识你以后，我才知道生活原来可以这么精彩。我很享受跟你一起聊天，也想和你一起工作，你不会也跟其他人一样，认为我不配吧？"

听到姑娘H的这番话，Ella感到很为难。这时，姑娘H又说："知道吗？我特别羡慕你，家庭条件好，事业也很成功，还遇到了一个疼你的丈夫，我也想沾一点你的好运。"Ella当时没有给她正面的回复，只是说再考虑一下。

没想到的是，当天晚上，Ella在微信朋友圈看到了姑娘H发的心

情："过去二十几年的生活，就像是一个无底的、黑暗的深渊。现在，我终于看到了一丝光亮，能让我重新开始，当我伸手去触碰它的时候，它却变得很微弱。我好怕，怕它会彻底消失，让我回到无尽的痛苦之中。"这样充满委屈的心声，不断在姑娘H的朋友圈里出现，扰乱了Ella的心。

渐渐地，Ella开始觉得，如果自己继续无视姑娘H的请求，简直就成了罪人。就这样，姑娘H一边向Ella传递自己的羡慕之情，一边又强调自己不幸的人生经历。最终，Ella同意了，让姑娘H做自己的助手。只是，这个决定做得一点也不开心，因为姑娘H的能力根本不符合Ella的标准。

Ella是一个善良、热心的人，听过姑娘H痛苦的生活经历后，给予了对方同情、关心和支持。然而，她没有预料到，最后自己竟然被姑娘H的"可怜"控制了。

曾有人问过一位资深的心理咨询师："要如何分辨什么样的人能够信任？"他的回答令人震惊。在普通人看来，不值得信赖的人肯定是作恶多端的，有肢体语言上的威胁恫吓，可是，这位心理咨询师却说："这些特征都不可靠，真正可靠的是'装可怜'的戏码，他们不会令人感到恐惧，却会博得他人的同情。"

毫无疑问，Ella就输在了"同情"上。在产生同情的那一刻，她自己没有任何防备，姑娘H抓住了她的这一弱点，不断地重申自己多么不幸。她有过不幸的遭遇，这是不争的事实，但作为一个成年人，她从来都是把错误和责任归咎于外界，而没有反思自身的问题。

我们不该成为冷漠的人，应当保留一份恻隐之心，但在付出好意之前，必须分清对方是"真可怜"还是"假可怜"。所谓的"真可怜"，是倾尽所有努力境况依然不佳，求助者和施助者双方在心理上是平等的；然而有些人却是有意无意地放低姿态、渲染痛苦，以此来获得某种好处。

"假可怜"的人有强烈的依赖心理，总是被动地等待别人的扶助，自力更生的意愿很薄弱；同时他们也有自私自利的特质，用"可怜相"来抱怨别人不在乎自己，让施助者感受到道德的谴责，陷入强烈的自我责备和自我贬低，认为说拒绝的话就是亏欠对方。

要让可怜之人不可怕，双方都必须做出调整。就Ella来说，先要明确自己帮人的界限，学会拒绝，即便姑娘H诉苦，也不能牺牲工作室里重要的职位，这会直接影响到公司的发展，甚至牵连到其他员工的利益。此外，也要适当地说明自己的难处，让姑娘H彻底明白，世上没有救世主，人只能自我救赎，靠自身的力量去改变生活。

🦌 43｜付出与接受失衡时，关系会朝着坏的方向发展

R先生和女孩C是大学同学，同窗四年R一直暗恋着C，因为C当时有男朋友。在R先生眼里，C是一个温柔娴静的女孩，说话慢条斯理，从来都不会咋咋呼呼，给人的感觉很舒服。这样的女孩，R先生认为是可以作为一生伴侣的最佳人选。

大学毕业那年，C和男友由于工作去向的问题产生了分歧，结果分道扬镳。R先生开始对C展开热烈的追求，也许是真心可鉴吧，C最终答应了做R先生的女朋友。两个人的恋情在周围的同学中传为美谈，大家都觉得，他们真是天造地设的一对。

按理说，R先生应该很快就会跟C结婚，可在提到这件事时，他却表现得很犹豫。朋友问R："你们感情也稳定了，结婚不好吗？"R叹了口气，满脸无奈地说："说实话，我想和她分开了，但不知道怎么说……"

"分手？怎么回事？"朋友惊讶地问。

R先生恋爱后，第一次分享自己内心的真实感受。由于他的工作很忙，碰见着急的项目时，几乎没有休息时间，每天除了吃饭睡觉，就剩下工作了。可即便如此，他还要每天挤出时间给C发消息汇报情况，有时真的是抱着手机就睡着了，又被C的电话叫醒。

朋友问："是不是相处久了，没有最初的新鲜感了？"R先生摇摇头，说："我喜欢稳定的感情，对她的爱也没有减少，可我不太喜欢我们之间的状态。你知道吗？我除了工作以外，几乎就没有跟

朋友出去吃过饭。每次我说要出去，她就会表现得很伤心，问我是不是厌倦她了，是不是不想跟她在一起了，说她一直以为自己对我来说很重要，原来她都是自作多情。"

　　说到这里的时候，R先生狠灌了一口酒，而后又说："我没有想到，大学里那个温柔懂事的姑娘，谈起恋爱是这么黏人。有时候，一个女人需要你，不愿意让你离开她的视线，这感觉挺好的。可后来发现，我跟她在一起总有种内疚感。她把我的生活起居安排得很好，做我喜欢吃的饭菜，家里的电器、家具都是我最喜欢的。有一次，明明是给她买生日礼物，回来的时候却拎着大包小包的男装。我出差的时候，她不停地发消息给我，从早到晚，任何事情都跟我汇报，也要求我向她汇报……这份爱密不透风，让我喘不过气来，但要跟她提分手，我又觉得对她心存愧疚。"

　　听到这儿，你也许能明白R先生的痛苦。他不是厌倦了对方，而是对方的爱太沉重了，就像枷锁一样捆住了他，让他完全丧失了自己独立的空间。这样的情感关系是病态的，彼此折磨，却又难以摆脱。

　　这一生能得到他人的爱是幸运的，但幸运不代表幸福，因为幸福的前提是两个人都懂得什么才是真正的爱、成熟的爱。女孩C恰恰不懂这些，她竭尽全力地证明自己懂得爱、值得爱，结果却逼得对方想要逃离。

心理学家认为，一段和谐的关系，必然是有付出和接受。然而，当付出和接受之间的平衡被破坏，情感输入和输出的比例失调，关系就会朝着坏的方向发展。德国家庭治疗大师海灵格说过："我们付出的时候，就会觉得有权利；我们接受的时候，就会感到有义务。"

人际交往或是经营感情需要付出真诚，但不代表一分耕耘，就能有一分收获。当一个人付出他的所有，把全部时间和精力都投注入一段关系中时，最好提醒一下对方：每个人都应当有独立的空间，做独立的自己，亲密有间才能长远。如果你全盘接受了，那么你们这段关系就已经失衡。当有一天你感觉彼此不合适，想要开始新的生活时，虽然你有结束这段关系的权利，可内心那份愧疚感会控制你，让你难以启齿说再见。

🦌 44 | 接受了对方的小请求，往往还会接受更大的请求

1966年，美国社会心理学家弗里德曼和弗雷瑟做了一个实验：他们派人随机访问一组家庭主妇，要求把一个小招牌挂在她们家的窗户上。这些主妇们没有异议，愉快地同意了。过了一段时间，再次访问这组家庭主妇，要求把一个大而且不太美观的招牌放在她们的庭院里，依然有半数的家庭主妇同意了。与此同时，实验人员又

随机访问了另一组家庭主妇，直接提出把不仅大而且不太美观的招牌放在她们的庭院里，结果有80%的家庭主妇都不同意。

有没有发现，这实际上也是一场心理博弈。通常，人们都不愿意接受较高较难的要求，毕竟它费时费力，不容易成功；但对于那些较小的、较容易的要求，却很乐于接受。在接受了较小的要求后，人们会比较容易地接受较大的要求，心理学上将其称为"登门槛效应"。

人的每个一致行动都有其最初目标，在许多场合下，由于人的动机过于复杂，就会面临对各种不同目标的比较、权衡和选择。在相同的情况下，那些简单的目标比较容易被人接受。另外，人都愿意把自己调整成前后一贯、首尾一致的形象，哪怕别人的要求有些过分，为了维护印象的一贯性，也会违背意愿继续下去。

F女士退休后，每天都在小区里散步。一天，有个笑容甜美的姑娘跟她搭讪，无来由地夸奖了她一番，说她皮肤保养得好，气质也很棒，跟F女士聊了很多话题，美容、养生、教育、旅游等。很快，F女士就放松了警惕，觉得这姑娘挺好的。

说到兴头上的时候，姑娘热情地对F女士说："阿姨，哪天您可以到我家去，我给您做个美容试试。或者，您也可以试试我现在用的产品……"话说到这份上，F女士也不好意思说"不买""不用"，似乎找任何理由推辞都有些牵强。

就这样，F女士从姑娘那里买回了一样东西。隔段时间，那位姑娘又来"看望"F女士，问及她家里是否还需要添置什么，说自己这里有很多厨卫用品，F女士很愉快地又订购了几件产品。她可能不知道，那位姑娘其实是某公司业绩最好的推销员。

举这些事例的目的是想提醒大家，很多时候被他人操控都是我们助推而成的。我们为了得到他人的好感，答应了对方的小请求，结果就难以拒绝后面更大、更不客气、更有实质性的要求了。到最后，你可能会为了讨好对方而牺牲自己的意愿。

这里要说的重点，不是你为对方做了什么，而是你出于什么样的心态去做，是心甘情愿的，还是怕他因要求得不到满足而失望？如果是后者的心态，那你的情绪已经被他控制了。对此状况，你也应当负起一部分的责任，因为你试图通过他人对自己的评价来实现自我价值。

有没有什么退路可走？当然有！那就是不要为了照顾他人的心情而改变自己的计划。哪怕对方用一些话刺激你、暗示你，你也要保持自己的立场。不纵容对方，不接受小请求，才能有效阻止"得寸进尺"的情况发生。

🦌 45 | 当信息表达不清晰时，面临着多个不同的阐释

任何一场博弈，都少不了信息这一要素。从信息发出与接收的角度来看，如果发出的信息和意图不匹配，那就等于对接受者造成了干扰。心理学家认为，这些干扰通常都是"带有杂质"的东西，如焦虑、情感、偏见、过往的经历等。当一个信息表达不够清晰时，就意味着它面临着多个不同的阐释。操纵者们很清楚信息不透明的影响力，因而他们经常会巧妙地只给被操纵者提供部分信息，激发对方的兴趣，最终实现自己的目的。

听上去似乎有那么点儿晦涩，没关系，看看下面的这个故事，你就完全明白了。

卡尔在星期五傍晚来到了一座小镇，他没有钱吃饭和住宿，只好去教堂求助，让管事者帮他介绍一个能够提供安息日食宿的家庭。管理者翻看了一下记事本，对他说："这个星期五经过本镇的穷人很多，每家都安排了客人，只剩下开首饰店的克里斯家了，但是很遗憾，克里斯从来都不肯收留客人。"

卡尔向管事者打听克里斯家的住址，辞谢后就径直去了克里斯家。待克里斯开门时，卡尔表现得很绅士，声称自己是个商人，经教堂管事者介绍得知克里斯是首饰店老板，特来请克里斯帮个忙。克里斯对他的话半信半疑，卡尔神秘地笑了笑，从口袋里掏出一个包裹得严严实实、有砖头大小的包，小声说："请问，砖头大小的黄金值多少钱？"

克里斯先生一听，眼睛里闪出亮光。只是，这个时候已经到了安息日，按照教规是不允许做生意的。为了避免丢掉这一单大买卖，克里斯连忙挽留卡尔在他家住宿一晚，并盛情款待，希望等到明天日落后再谈生意。

到了星期六晚上，终于可以做生意了，克里斯先生连忙催促卡尔把"货"拿出来看看。卡尔故作惊讶地说："我哪儿有什么金子？我就是想问一下砖头大小的黄金值多少钱。"

在这个故事里，卡尔就是利用了信息的不透明性来跟首饰店老板克里斯博弈：他在不能谈生意的时间，问了一个似乎跟生意有关的问题；到了可以谈生意的时候，这个和生意有关的问题，又成了一个非生意的问题。从始至终，卡尔都没有明确自己是否在谈生意，如何理解他所问的那句话全凭首饰店老板克里斯个人，他只是为克里斯老板的联想提供了一些参照物，比如"神秘地笑了笑""包裹得严严实实、有砖头大小的包"，这些参照物也没有明确界定，都是模糊的。

说白了，卡尔就是利用了首饰店老板克里斯急着赚钱的心理，继而操纵了他。想要避免这样的操纵发生，最简单的办法就是不断发问，让对方传达出的模糊信息变得透明化、具体化、清晰化。这样一来，引导性的联想就丧失了必要的载体，对方也就无法实施操纵了。

🦌 46 | 被贬低不代表你不好，可能是对方的挟制策略

临近年会那段时间，行政助理Nancy忙得焦头烂额。她在工作方面一直有点儿完美主义情结，不允许自己出任何差错，因为上司Rebecca是一个极其挑剔的"女魔头"，这在无形中给了Nancy巨大的压力。

年会开始了，所有人都很激动，Nancy却紧张得不行，生怕什么地方出现差池。突然，有同事叫Nancy，说好像投影设备出了点问题。Nancy连忙去查看，又叫来酒店的工作人员。其实深究起来，问题也不全在于Nancy，这台设备本身就时好时坏，试用两次都没事，关键时刻却掉了链子。Nancy正准备替换备用投影的时候，Rebecca的面孔突然出现在她面前。Rebecca声色俱厉地对周围的同事说："你们看，Nancy总是这样马马虎虎的，我要不提醒她，她永远也做不好这些事！"听到这样的话，Nancy更慌了，在安装设备的时候，突然绊倒在地上，在人前闹了一场笑话。

备用的仪器安装好了，没有影响年会的顺利进行，Nancy是挂着眼泪完成这一切的。等周围的同事就座后，Rebecca突然放松了表情，用十分关心的口吻对Nancy说："别担心，你毕竟还年轻，没负责过这种大型的年会，慢慢来吧，我会带你的。"说完，她昂着头径直而去，留下Nancy在那里品尝着内心的五味杂陈。

这样的情景，你是不是觉得似曾相识？我们身边大都有像Rebecca一样的挑剔者，或者是上司、同事，或者是亲人、朋友，他

们总是抓住别人的小差错不放，用这些问题困扰对方，让人精神紧张，最后犯了真正严重的错误。就拿Nancy来说，她其实早已经准备好了备用的仪器，以防万一出现临时损坏的情况，可就因为Rebecca的一番话，让她手忙脚乱，结果在人前栽了一个难堪的跟头。她完全没有意识到，自己的紧张和混乱感觉都是因为Rebecca挑剔的态度刺激出来的。

你可能会问：Rebecca到底是一种什么心理呢？看看她对周围的同事说了什么，就不难理解了。她告诉大家，Nancy就是一个小助理，做事马虎不谨慎，总需要她提醒才能完成重要的事。很明显，她追求的是一种优越感。

为什么Nancy不去解释呢？要知道，这怨不得Nancy，因为利用贬低对方提升自我优越感的，不仅仅存在于职场中，家也是一个会"伤人"的地方。Nancy从小就生活在一个家教严厉的环境中，长期承受着母亲的挑剔和指责。

高考那年，她的分数超出重点大学的分数线20分，母亲没有给予她任何肯定，而是轻描淡写地说了一句："没什么值得骄傲的，看看你表姐，人家上的可是清华……"为了不让母亲失望，Nancy只能更努力，最终考上了本校的研究生。虽然她尽了全

自我怀疑

力，可距离母亲的要求还差了一截。那几年她很少回家，为的就是躲避母亲刺耳的话语。

虽然后来离开家独自生活，但Nancy内心依然有一种恐惧和无力感，她总是觉得："我必须做到最好，让所有事情无可挑剔，我才能被肯定、被认可。"可现实是残酷的，不可能事事如人所愿，总会有意外无法掌控。

作为局外人，我们可能会看得更明白：当母亲挑剔的话语在Nancy耳边响起时，她的自我意识就开始动摇。一旦她做不好某些事情，自信心就会在瞬间坍塌，让自己痛苦不已。如果你也和Nancy一样，那么你现在需要清醒地认识一个事实：被贬低、被挑剔、被指责，并不代表你真的不好！至于那些挑剔你、贬低你的人，他们其实更害怕被遗弃。

就Rebecca来说，她担心Nancy的能力超越自己，这会对她的职位造成威胁；对Nancy的母亲来说，她担心Nancy变得太独立，将来会离开自己。潜意识里的这种想法，促使她们选择用贬低的方式来挟制对方。

有没有什么办法避免这种情况的发生呢？

以Nancy为例，面对强势又习惯指责的母亲，她可以事先与母亲谈好条件。比如，一起出去玩时，不妨告知母亲："这件事全权交给我负责，可能会有安排不周之处，您若对此喋喋不休，我们马上就结束旅行。"要让这个条件有效，必须在对方第一次指责时就付诸实践，哪怕只是刚出发20分钟，也要这样做。

最初做这件事时，可能会有些不习惯，让贬低自己的人也感到不舒服，甚至闹脾气。只要你挺过这个阶段，不被对方的反应吓倒，对方就会在心里改变对你的态度。工作中也是一样，别让上司的刺激影响到你，按照自己的计划去处理问题，告知"我保证做好这件事"。渐渐地，他就不敢再刻意贬低你了。

因为他人的贬低而耿耿于怀，是最没有价值的事，也会让彼此的关系变僵。真正有意义的做法，是让自己尽快成为一个心智成熟、经验丰富的人，要依靠强大的内心消解他人给自己带来的负面影响。在体谅和宽容的前提下，分析他们话语中积极的部分，至于那些攻击性、刺激性的话语和负面影响，无视就好了。要知道，来自他人的评价永远只是外界的评价，它无法代替你作为一个真实的个体存在于世上，只有你，才能决定自己生命的样子。

🦌 47 | 操纵者会构建一种情景，发挥出暗示的效用

俄国著名文豪普希金狂热地爱上了莫斯科第一美人娜坦丽，并和她结为连理。娜坦丽长得很漂亮，但与普希金的志趣不同。每次普希金把写好的诗读给她听时，她总是捂着耳朵说："我不要听，不要听！"她总是让普希金陪她游乐，出席豪华的宴会，普希金为此丢下了创作，弄得债台高筑，最后还为她决斗而死，致使文坛上少了一颗璀璨的巨星。

普希金的悲剧是怎么酿成的呢？这就要说起心理学上的晕轮效应了。

晕轮效应也称为光环效应，是美国著名心理学家爱德华·桑代克提出的，这是一种普遍的心理现象，即对一个人进行评价时，往往会因对他的某一品质特征的强烈、清晰的感知，而忽略了其他方面的品质，甚至是弱点。普希金认为，一个漂亮的女人必然有着非凡的智慧和高贵的品格，可惜他想错了。

爱德华·桑代克认为，人们对他人的认知和判断只从局部出发，然后扩散而得出整体印象，这其实就是以偏概全。普希金对娜坦丽的判断，就足以证明这一点。这种主观的心理臆测，使人的心理产生巨大的认知障碍，很容易抓住事物的个别特征，习惯以个别推及一般，就像是盲人摸象，容易把本没有内在联系的一些个性或外貌特征联系在一起，断言有这种特征必然会有另一种特征。

那么，要如何在人际交往中避免和克服晕轮效应的副作用呢？

第一，避免以貌取人。我们在认识一个人时，不能只看长相和穿着，还应当多了解他的行为和品质，若总是以表及里来推断，往往会产生偏差，无法真正看清一个人。

第二，避免投射心理。有的人看别人做了一件好事，就想当然地认为这个人品质优异；倘若知道对方是刚刚从监狱里刑满释放的人，就会觉得他可能别有用心。其实，这完全是把自己的意愿强加在别人身上，产生了投射现象。投射现象是一种不理性的行为，若不加以注意，就可能制造出晕轮效应，做出偏见行动。

第三，避免循环证实。疑人偷斧的故事，想必你一定听过，当你对一个人产生了偏见，你就会寻找各种理由来证实自己的这个偏见。你的异常举动被对方发现后，他自然也会对你产生不满情绪，要么疏远你，要么敌视你。对方的这种反应又会加深你对他的偏见，实际上这就陷入了一个恶性循环，让自己走进晕轮效应中迷而忘返。

说了这么多晕轮效应的弊端，那它到底有没有益处呢？

当然有。在人际交往中，把自己最好的一面展示出来，亮出自己的优势，别人就会在晕轮效应的作用下给予你高度的评价。

🦌 48 | 警惕非对称式博弈，别让自己沦为"玩偶"

朋友琳琳掉进了一个感情旋涡，为此痛苦不已。

25 岁那年，琳琳就到了现在的这家广告公司，担任总经理助理一职。她聪慧能干，说话做事又很得体，深得上司的信任与认可。琳琳也很欣赏自己的上司，这个 47 岁的成熟男人，身上散发着一种儒商的味道，没有一丝一毫的油腻与奸猾。

相处两年之后，琳琳对上司的感觉也发生了变化，最初只是欣赏和钦佩，慢慢地又多了几分爱慕。他们之间的合作也愈发默契，除了工作以外，还会探讨其他的话题，包括人生的价值和意义。后来，两个人不再是单纯的上下级关系，上司也开始允许琳琳了解自己的生意运营和公司的具体情况。很快，琳琳就升为公司的副总，这个位置也让她能够更多地参与业务竞标等核心工作。

当琳琳把这件事情向自己的姐姐全盘托出后，姐姐劝她及早结束这段关系，毕竟这位总经理是个已婚男士。可是，琳琳已经陷入其中，她无法抗拒这个成熟、幽默、懂得女人心思的男人，这些东西是同龄的异性无法带给她的。对方不止一次告诉过她，他和妻子之间没有共同语言，论学识、眼界、能力乃至生活情趣，琳琳都远远超过他的妻子，更重要的是他与琳琳情致相投，可以在事业上携手共进。

琳琳总会想起，这个男人为她描绘的那张婚后的蓝图，她也相信他会为了自己和妻子离婚，只是需要一点时间。就这样，两个人的关系一直持续了五年，琳琳不再像之前那样淡定了，因为对方迟迟没有处理离婚的问题。

和姐姐多次探讨这件事后，琳琳渐渐清醒，并认识到一个真相：她苦等的这个男人，对拥有一个情人而又不失去妻子和家庭的现状很满意，他并不想打破这种状态。果不其然，星期五晚上和琳琳吃饭时，他很平静地告诉琳琳，女儿要满16周岁了，他准备带妻女一起到三亚给女儿过个生日。这让琳琳觉得很扎心，她曾经多次想过，两人可以去三亚度假。

琳琳想不明白，自己在他心中到底算什么？难道只是一个呼之则来，又不会带来麻烦的玩偶？就在那天晚上，琳琳告诉他："我累了，不想再这样下去了，虽然很不舍得，但我想过正常的生活。"说这些话的时候，琳琳原本还抱着一丝幻想，他会挽留自己，表达他的不舍。可惜，这都是琳琳一厢情愿的假想，对方听到这些话，表现得无比平静，只说了一句："如果是这样的话，那我们在公司里也很难成为搭档了。"聪明的琳琳自然知道，这是一句"逐客令"，同时也是威胁与挟制，毕竟失恋又失业的打击是双重的，代价也是巨大的。

显而易见，琳琳在这场情感博弈中，被对方拿捏得死死的。作为企业领导者，这个男人深谙"非对称式管理"，把琳琳的心思完全看透了，知道她阅历不足，事业心强，又喜欢成熟的男人，她所渴望的这些东西，他都能够提供给她。因而，这段关系从一开始就是不对等的，而这个男人对琳琳的操纵也是极有说服力和针对性的。

透过琳琳的故事，希望能给大家带来一些启示：与自己的上级产生情愫是危险的，它可能会让你面临双重惩罚。在任何关系中，都不要丧失自我，如果你总是被对方的意志所左右，又不敢说出自己的想法，那就要深刻地反省一下了，看看自己是否有弱点被对方掌控，尽早结束这种关系，以免给自己带来更大的伤害。

🦌 49 | 摆脱操纵，你的人生不需要无谓的指导

现实中的操纵者，不仅限于前面说的那几类。比如，有些人看起来很善良，实则只是装出让人信任的样子，然后按照自己的想法

诱导他人的心理和活动；有些人善于展示自己的魅力，通过外在的物质提升自己的格调，让人轻信他所说的一切；还有些人习惯利用道德绑架，让人产生错误的内疚感，似乎不对某件事负责，就成了十恶不赦的坏人。

面对各种各样的操纵方式，若毫无觉察力，就只能在博弈中做输家，成为受控的棋子。所以，我们必须学会如何摆脱操纵，做回真实的自己，把握住属于自己的选择权。这里有几条建议，可供需要的朋友参考：

· 建议1：坚持自己的立场和态度

每个人都有自己的原则、计划、喜好，也有独属于自己的成长经历和目标。人生没有绝对正确的模板，不要因为大多数人怎样说，就强迫自己走那条本不喜欢的路，尽管对方可能是你的长辈、老师，但别因为权威就放弃质疑。你要问问自己：别人说的理论你真的认同吗？你真的想要别人口中的人生吗？

· 建议2：直击对方不合逻辑的想法

操纵我们的人，多半都是身边的亲人、朋友，且多数时候都是出于好意。面对这份好意，如何婉言谢绝才能既不伤情谊，又保全自己的想法呢？最好的办法就是，找出对方的想法中不合逻辑的部分，强迫他表明自己的立场。这样的话，既能明确地表达自己的态度，又能避免被他人任意操纵，对这类人，我们的防御方向就是"追求合理性"。

·建议3：试着让自己放轻松

很多操纵的行为都是源自内心深处的焦虑感，生怕有些问题无法掌控在自己手里，他们害怕承受不可预测的变故。所以，操纵者的内心也不好过。对此，我们不妨让自己松一口气，在面对对方的某些行为时，提醒自己说："他是因为自己太焦虑。"这样的话，就能减少一些伤害，让自己平静下来。

放松之后，就要不断强化自己的内心，提升沟通能力。把对方让你感到烦躁的行为说出来，试着就这些问题进行一次理性的谈话，问问对方到底在担忧什么，如何找到一个双方都能接受的平衡点。

·建议4：大胆告知：我不在乎！

有些人总习惯用装善良、卖可怜的方式出现，让人不忍拒绝，继而提出不合理的要求。对此，不妨学会一句话："亲爱的，我不在乎。"

当然了，这些建议在真正的实践中也并不是很容易做到的。这一部分所讲的内容，是想提醒大家，透过表面的现象和问题，去寻找到真正的问题，而后换一种方式去对待对方，变得理性而成熟。也许，短期内你看不到什么明显的变化，甚至还会激化某些隐藏的矛盾，但只要是真正关心和在乎彼此，一定会在意彼此的感受，到那个时候，你们之间的关系就会发生良性的变化。

Chapter5

制造干扰：利用"假象"达到目的

🦌 50 | 出现对抗与分歧时，巧妙互换双方的位置

有一群小孩每天中午都吵吵闹闹的，惹得居住在附近的老人查理很苦恼，因为他没办法睡午觉。查理屡次要求孩子们安静一点，但孩子们根本不听。有一次，查理又听到孩子们在屋外吵闹，于是拿了一把糖果出去，说："如果你们能保持安静的话，我就给你们糖果吃。"孩子们纷纷点头同意，拿着查理给的糖果离开了。

第二天，孩子们又出现在查理的屋外，依旧大喊大叫，声音比前一天还要大。查理赶紧出门给孩子们分发糖果，才使得他们离开。接下来几天的情况都是这样，孩子们准时在屋外吵闹，查理用糖果让孩子们离开。渐渐地，孩子越来越多，查理给的糖却渐渐少了。与此同时，孩子们每一次出现，吵闹的声音都越来越大。有一天，查理储备的糖果没有了，孩子们却不依不饶，又开始每天在屋外大喊大叫。

住在查理隔壁的邻居也受不了孩子们的吵闹，但他用了另外的一种方式来处理。他对孩子们说："我要听听，你们之中谁的嗓门最大，我要给他分最多的糖果。"听完这句话，孩子们疯狂地喊叫，邻居按照声音大小给他们不同的奖励。往后的三四天里，孩子们每天都在这里比谁的声音大，邻居依然按照比赛结果进行奖励，只是每次的奖励都比前一次少一些。

精明的孩子们自然也发现了奖励越来越少。于是，他们的兴致

开始减弱，声调也慢慢降低。一段时间后，有的孩子提议说："他给的糖果越来越少，我们没必要大声地叫。"就这样，孩子们垂头丧气地离开，自那以后再也不大声喊叫了。

查理和邻居都对孩子的行为进行了激励，只是方法不同：查理选择的是反向抑制，邻居选择的是将计就计。前者在短期内有效，但时间久了，却让对方以此为条件要求获得更多的回报，孩子也变得更加主动——"我要努力叫，这样能得到糖果"；后者却把孩子的主动行为转化成了被动行为——"为了获得糖果，我不得不大声喊叫"。

在利益面前，人们往往会成形成一种谈判心理，即你不让我做什么，我偏要做什么；你让我做什么，我偏不做什么。这两种对抗心理的目的，就是为了通过谈判获得更多益处。如果博弈者试图通过利益刺激的方式，促使对方去做或终止某种行为，换来的往往是对方的变本加厉。此时，比较有效的策略，其实是反其道而行。

有些人在谈判时，直接告诉对方某种行为或策略值得推行，但其实他们压根就不支持这种行为，只是为了不引起对方的反抗，故意采取的障眼法：把不好的伪装成好的，把不喜欢的伪装成喜欢的，以此跟对方讨价还价。这时候，对方的拒绝和对抗就变成了博弈者解围的途径。

所以，一个聪明的博弈者，在与对方出现分歧或对立时，不会直接批判对方的行为，他们会掩饰自己的不满，并将双方的位置进行互换。这样一来，对方接收到的信息被改变了，而他们所提供的阻力刚好变成了助力。

🦌 51 | 你把自己塑造成什么，别人就会把你当成什么

心理学家认为，每个人都有呵护美、向往美、追求美的心理。这种心理引导着人们积极地爱美、扮美、学美。现实中的人们总是对美的事物或人产生好感，因此出现"以貌取人"的情况也就不难理解了。所以，看到面容凛然的男性，我们会想当然地认为他很有能力；看到温柔知性的女子，又会觉得她有一颗纯善包容的心。

在心理博弈中，形象是一个不可小觑的东西。普林斯顿大学的亚历山大·托多罗夫博士在美国参议院选举之际（2000年、2002年、2004年，共计三次），就两名候选人的外貌进行了调查。他让被试者通过观看候选人的照片，选出"看上去有能力"的一个。结果显示，仅仅通过"一张看起来很有能力的脸"，他就以68.8%的高准确率成功预测出了当选者。

其实，在未进行这个实验之前，现实中早已经演绎过这个事实。

1960年，尼克松与肯尼迪争夺总统之位，尼克松输了。

1980年，杜卡斯基和里根之争，杜卡斯基输了。

尼克松和杜卡斯基到底输在了哪儿？

里根是演员出身，他高大英俊，无论是服装打扮，还是音容笑貌，以及他做出的每一个手势，都展现着与众不同的魅力，具有无与伦比的感召力。虽然他在其他方面也有不足，但人们对这些不足却可以忽略不计。而杜卡斯基呢？不管是看外表还是听声音，不管是在台上演讲还是在台下表演，他显得"不像个领袖"，所以人们

没有把更多的票投给他。

肯尼迪和尼克松的对决，肯尼迪自然占据了优势。肯尼迪年轻英俊，风流倜傥，给人一种坚定、沉着和自信的感觉，他周身散发出领袖的魅力，虽然他没有直接说什么，但人们似乎已经从他身上看到了希望，那就是他不仅可以主宰美国政坛，他还可以掌控整个世界的局面。

当他提出"不要问国家能为你做什么，问问你能为国家做什么"这一口号时，一时间美国这个以自我为中心的国度沸腾了，他的责任感感动了每一位美国人，激起了一股爱国潮。他满足了美国人心中理想的领袖形象，还树立了领袖形象新的、最高的标准。几十年之后，他的形象依然令人难忘。

看到这儿，你的眼前一定也浮现出里根和肯尼迪的形象。没错，这就是形象的威力。你看到他们，就会被他们的音容笑貌所感染，甚至他们一句话也没说，只是站在那里，你依然会觉得注定了他就该是一位领袖。当然，每一位参与总统竞选的人，都有一定的学识，但我们这里要说的却是形象，只谈形象在心理博弈中的作用。

皮克·菲尔在《气场》（*Charisma*）一书中曾提到过，想要成为交际明星，博得他人的好感，就必须在重要场合将自己的气场调整到最佳状态。怎么样才能够做到这一点呢？皮克·菲尔说："不管是出席会议，还是参加普通交际活动、酒会、商务会谈，都要将自己认真地收拾一番，换一身最合适的衣服，以最贴切的形象出场，这是我们都必须做的功课。"

英国第一位女首相撒切尔夫人，对别人的衣着毫不介意，唯独对自己的衣着要求十分苛刻，无论是服饰搭配还是化妆，都极其考究。看到撒切尔夫人，你感受不到珠光宝气和雍容华贵，但却能够被另一种魅力所吸引，那就是整洁、淡雅和朴素。

从少女时代开始，撒切尔夫人就十分注重自己的衣着，要求干净整洁、朴素大方，但她从没有穿过标新立异的衣服，从未哗众取宠。大学期间，她在本迪尼斯公司做兼职。当时，她的衣着很老成，公司里的人将她称为"玛格丽特大婶"。每个星期五下午，她去参加政治活动时，都会戴上一顶老式小帽，身穿黑色礼服，脚蹬老式皮鞋，腋下夹着一只手提包，显得持重老练。

有人笑话她打扮得过于深沉老气，但她却有自己独到的见解：这样的打扮能在政治活动中取得别人的信任，建立起威信。她的衣服从不起皱，让人觉得井井有条是她一贯的作风，而这也的确彰显出了一位政治领导人的气场。

人们习惯将服装与人的社会地位、身份、权威、文化品位等联系在一起。西方有句谚语说："你就是你所穿的。"这听起来完全就是以貌取人，可这也许是人类无法改变的天性。如果你渴望得到他人的关注，渴望让自己变成一个气场强大的人，那么从现在开始，你就必须注意自己的形象了。

52 | 摆出"胜利者"的姿态，在气势上压倒对方

金庸的小说《射雕英雄传》中有这样一个情节：

华山论剑之前，裘千仞被瑛姑等人围攻，被指责滥杀无辜，而裘千仞则反驳说，谁手上没有沾过别人的血？结果众皆默然，唯有洪七公正气凛然地出现，坦然地说自己杀的这么多人都是死有余辜的。裘千仞听后，无话可说。

真正的高手对决，玩的是心理战，比的是气场。

当年，孟子见到梁襄王后，说道："望之不似人君，就之而不见所畏焉。"意思是说："远远望上去就不像一个国君的样子，走近了看，也没有什么使人敬畏的地方。"一国君子却"不似人君"，倒不是孟子轻率地以貌取人，而是梁襄王的气场不够，缺乏一股浩然之气。

孟子的弟子公孙丑曾问曰："老师的长处是什么？"

孟子答："吾善养吾浩然之气。"

何谓浩然之气？用孟子的话解释大致如此：那是一种最伟大、最刚强的气。

气场，可以展现出个人品性与行事风格。在日常的心理博弈中，想要笑到最后，就必须克服内心的虚弱，始终保持胜利者的气场。换句话说，即便在没有成为名副其实的胜利者之前，也得拿出一副"我就是胜利者"的气势来。大家都听过吸引力法则，秉持这种姿态正是引导一个人成为真正的胜利者的心理法则。

握手是一件很简单、很平常的事，但通过这一细节，也能感受到一个人的气场。当你和一个人握手时，你感受到的是对方强而有力的手，你会对他产生什么样的印象？如果对方在握手时软弱无力，你又会有什么样的感觉？

阿拉巴马大学的威廉姆·卓别林博士做过一个实验，他让4名志愿者作为判定人员，分别和112名大学生进行两次握手，然后询问他们对握过手的大学生有何印象。结果，对那些握手强而有力的大学生，判定者们给出了"善于交际、外向、开朗"等积极的评价；而对那些握手软弱无力的大学生，则给予了"内向、略显神经质、不够坦诚"等消极的评价。

由此可见，通过握手的力度，人们会对其性格进行推断。这也提醒我们：如果自身处在弱势的位置，与人握手时，一定要记得用点力。无论结果怎样，至少在姿态上不能先败下阵来。强而有力的握手会让对方感受到强大的气场，塑造出一个强大、值得信赖的形象。

在获得实质性的胜利之前，先努力扮演好"胜利者"的角色，这有助于提升自己的形象，为日后的合作提供积极的助力！当然，除了做到这一点，也别忘了提升内在。

🦌 53 | 表明自己不想达到某种目的，让对方放下戒备

生活中，我们或多或少都体验或见证过这样的一幕：

妻子说，别抽烟了，看你把房间弄得乌烟瘴气的。丈夫不服气，抽烟怎么了？不愿意闻，你可以出去，干吗非要限制我？

老师说，上课不许搞小动作，必须认真听讲。学生却不能安分守己，总是想办法找点儿东西来玩，好像故意跟老师作对。

老板说，上班时间禁止聊天，违者罚款。员工心里怨声四起，凭什么呀？把工作做好就行了，何必管我怎么利用时间！你不让我聊，我偏要登录QQ！

有没有发现，人总是喜欢"反着来"！你越是让我做什么，我偏就不做；你越是不让我做什么，我偏要做。就算是两个陌生的人碰见，A让B给自己让路，B若高兴的话就会让，若不高兴就会反驳："凭什么要我给你让路？这条路是你家的吗？"明明知道这是抬杠的话，但就是要摆出一副不甘示弱的架势。

其实，这是人类共有的一种普遍心理——逆反！

所谓逆反心理，就是人们彼此之间为了维护自尊，而对对方的要求采取相反的态度和言行的一种心理状态。人们通过这种与常理背道而驰的行为，显示出自己的与众不同，以此来抗拒和摆脱某种约束，或是满足自己的好奇心和占有欲。

人人都有好奇心，在好奇心的驱使下渴望了解某些事物。当这些事物被禁止时，就容易引发强烈的求知欲。尤其是只做出禁止而

又不解释禁止原因的时候，更容易激发人的逆反心理，让人迫不及待地想要了解该事物，形成一种相对立的局面。

在博弈之中，巧妙刺激对方的逆反心理，往往能改变对方的某些行为。

苏联心理学家普拉图诺夫在《趣味心理学》一书的前言中，特意提醒读者请不要先阅读第八章第五节的故事。结果，多数读者看到这句"禁止"的话后，都被激发了逆反心理，不仅没有遵守作者的告诫，而是迫不及待地先看了第八章的内容。

其实，这根本就是作者精心设计的一个"陷阱"，他就是想让读者们关注第八章的内容。可如果他在前言里说，第八章的内容多么精彩，希望大家认真阅读，反而起不了什么作用。

人与人之间的交往，其实就是心理交往。抓住了对方的心理特点，就能够迎合对方的喜好，轻松地与之交流和沟通，并赢得对方的好感；如果不顾对方的心理需求，便极易引发人际关系的紧张、尴尬，甚至是矛盾冲突。

恰当运用心理博弈是与人交往的重要策略，很多销售精英都深谙人心，特别擅长利用人的逆反心理。他们不会片面地、滔滔不绝地兜售产品，而是更注重客户的感受。

一家私企的老板，常开的私家车已经有些破旧，总是发生故障，他想入手一辆新车。消息不胫而走，身边不少从事汽车销售的人听闻后，都纷纷向他推销新车。他们总是介绍那些车子的性能多好，有的还嘲笑他说："您那辆车都那么旧了，还在开，有点不合身份了。"每次听到这样的说辞，那位老板都很反感，他总觉得这些人就是为了向他推销车，素质也不太高，他心想：我就是不买，不上你的当！

直到有一天，这位老板无意间遇到了某4S店的销售经理R。当时，他没有打算从R那里购车，但跟R深入交谈了一次后，他却改变了主意。原因很简单，就是在聊天的时候，R对这位老板说了一句话："依我看，您这辆车还不错，至少还能再用上一年，现在换有点儿可惜，不如过一段时间再说吧！"他递给这位老板一张名片，没有多说，就主动离开了。

就是这样的举动，打消了这位私企老板的逆反心理，他觉得R挺真诚的，不是完全出于销售的目的跟他交谈。建立了这种友好的关系后，他觉得还是应该给自己换一部车。于是，几天以后，他主动给R打了电话，向R订购了一辆新车。

其实，不只是车，购买任何产品都一样，销售人员越是苦口婆心地劝你买，你越不想买，因为对此有戒备之心，没有完全建立信任感。对方越是强调产品好，我们就越容易质疑，总担心上当受骗，继而选择拒绝。

如果你不喜欢别人用某种方式对待你，那就最好避免用同样的方式对待别人。博弈的时候，不妨利用对方的逆反心理，故意表明自己不想达到某种目的。当对方放下戒备心，对你产生了一定的好感，他可能会主动朝着你所期望的方向做出调整。

🦌54 | 适当满足对方的好奇心，实现心理认同感

意大利商人普洛奇从13岁时起就在附近的一家商店做兼职售货员。普洛奇上高中时，商店老板交给了他一项卖香蕉的任务，这个任务很艰巨，因为那是一船冰冻受损的香蕉。老板原本不抱什么希望，就跟普洛奇说："这香蕉吃起来口感很好，但外皮黑乎乎的，若是按照正常方式销售，肯定没人愿意买。现在，市面上的香蕉4磅重能卖25美分，这一船香蕉，我建议你按照4磅18美分的价格销售。如果还是没人买，再降低点儿价格也行。"

"没问题，我一定能顺利完成这个任务。"普洛奇爽快地答应了。

到底要怎么做才能把这一船受损的香蕉卖出去呢？对这件事，普洛奇的心里也没底。那天晚上，他失眠了，一直在思考这件事。

第二天早晨，普洛奇睡醒后，脑子里已经有了主意。他决定不按老板的说法做，而是打算铤而走险。当天上午，普洛奇将一把黑皮香蕉放在商店门口，然后大声地叫卖："出售巴西香蕉喽！大家快看，新鲜的巴西进口香蕉，新鲜的巴西黑皮香蕉！口感好，价格合理，大家快来看喽！限量销售！"

其实，哪儿有什么巴西香蕉，这不过是普洛奇制造的噱头罢了。可事实证明，他这一招还挺管用的。市场上的人看见他这里出售黑皮的"巴西香蕉"，纷纷凑过来看热闹。大家议论纷纷，很快周围就挤满了人。看到人越来越多，普洛奇就开始向大家介绍说："这些古怪的香蕉来自巴西，口感非常好，是第一次外销意大利。为了优惠大家，打开意大利市场，这些香蕉现以低价——每磅10美分出售。"

普洛奇给出的价格，比老板提的价格高出了一倍多，甚至比市场上的好香蕉还要贵。可是，这并没有影响普洛奇的销售业绩，一船受损的香蕉用了不到半天的时间就销售一空了。普洛奇之所以能做到这一点，是因为他很好地利用了人们的猎奇心理。

猎奇心理是一种普遍的心理需求，泛指人们对于自己尚不知晓、不熟悉或比较奇异的事物或观念等，表现出的一种好奇感和急于探求其奥秘或答案的心理活动。在博弈的过程中，我们不能忽视交际对象的这种特殊的、潜在的心理需求，要学会洞察对方的猎奇心理，甚至要适当地满足对方的猎奇心理，这样有助于拉近彼此的心理距离，轻松地让彼此产生心理上的认同感，从而实现和谐交际，达成预期目标。

🦌 55│给对方占了便宜的感觉，有利于达成合作

节假日之际，各大商场的服装品牌专卖店都在做推广活动。

有些客户刚进门，销售员就跟了上来，告知现在的活动详情。客户转了一圈，似乎没有试穿某件衣服的意思，正要朝门的方向走，此时，个别销售员开始跟顾客念叨："现在满1500减500，1000块钱能买3件，多划算啊！"客户听后，完全不理会，也没有放慢脚步，径直地出了门。

这样的情景不仅仅出现在商场里，在其他场合的销售过程中也是屡见不鲜。有些销售想不通：为什么价格已经降到很低了，让利已经很大了，客户还是不满意呢？如果继续压低价格，生意就没法做了。那么，问题真是出在价格上吗？

其实，这里暗含着一个很有趣的心理原理：顾客不是想买便宜的产品，而是想买能占便宜的产品！如果销售员不能认识到这一点，盲目地压低价格，试图用价廉来俘获客户的心，那多半都是无用功。要知道，便宜和占便宜不是一回事：占便宜只是顾客的一种心理感觉，是其在购买产品时普遍存在的心理倾向。在与顾客洽谈时，不仅仅是说服客户购买，还要为客户营造一种心理迎合的条件，这一点至关重要。

一位卖家具的店主，在店面的布置上花费了不少心血。他的店里，除了主打家具系列产品以外，还陈列着各种各样的物品，如靠枕等小件家居用品、咸蛋超人等儿童玩具、小工艺品等，物品有点多，让店铺看起来略显拥挤，但他的生意却很好。

有一次，顾客到他的店里买家具，经过一番讨价还价，顾客有些累，就坐下来喝杯茶。顾客惊讶地发现，茶叶的口感非常好，就忍不住问店主："您这是什么茶叶？"店主二话没说，直接拿出一包茶叶，慷慨地送给了顾客。顾客意外地获得了一包好茶，觉得占了便宜，很爽快地就交款了。其实，店家买了很多这种茶叶，一直存放在店里。

有的顾客会带孩子来，店家并不会主动赠送一些东西给顾客，而是等顾客看中了店里的某一样东西并提出要求时，才"慷慨"地送给顾客。偶尔，也有顾客在买完东西后，想跟他"讨要"一些小物件，他们觉得自己跟店家做了一宗大生意，应该得到一些赠品。

店铺里的那些小物件，其实都是店主的良苦用心，他充分利用了顾客想占便宜的心理。在实际的销售过程中，其实不少附加服务、免费赠品都能让顾客感到欣喜。小东西的大效用不容忽视，有心的销售员会提前准备一些特色优惠、特色服务，给顾客意外的惊喜。

当然，顾客中也不乏一些得寸进尺的人，占了小便宜还想要大便宜。一旦发现对方有这样的倾向时，切记不能为了成交而不断妥协，最好马上切断他那些不切实际的想法。你可以告知，公司有规定，不能这样做，或者说明不能再降价、不能免费送出的理由。说话时，语气要柔和，态度要坚决，一定要让顾客意识到自己占了便宜，如果他觉得一切都是理所应得的，那你的付出就白费了。另外，优惠不要太过频繁，适可而止，毕竟"物以稀为贵"，否则对方就不觉得这是一个难得的机会，也就不会珍惜了。

🦌 56 | 表现得笨拙一点，更容易获得对方的信任

R第一次装修时没什么经验，基本上全权交给室内设计师完成，后来的窗帘、灯饰等饰物，也都是让设计师代办的。等账单出来，他才感到一阵心疼，比预想的多了不少。

装修好新家后，不少朋友都到家里给R祝贺乔迁之喜。问及窗帘和灯饰等的价格，R如实相告，其中一位朋友说："什么？也太贵了吧！我感觉你被坑了。"其实，朋友说的是实话，但R听了还是觉得很不舒服，毕竟谁也不愿意听人质疑自己的判断力。出于本能，R开始辩解，说贵的东西有贵的价值，不可能用低价买到质量好又有品位的东西。

另一位朋友也谈及了同样的话题，但他并没有那么直接，而是先赞美那些窗帘和灯饰好看，说希望自己将来装修房子时也能购置这么精美的东西。R听后，反应完全不一样了，他坦言相告："这东西价格太高了，我现在也有点儿后悔订了这些。"

当一个人犯错的时候，他可能会在内心承认，如果别人处理得当，且态度和善，他也可能会向别人承认，甚至以自己的坦白直率而自豪。但是，如果别人想把难以下咽的事实强硬地塞进某一个人的嘴里，他势必不会接受，甚至还可能被激怒。

正因为此，英国19世纪的政治家查士德·斐尔爵士才会告诫他的儿子："要比别人聪明——如果可能的话，却不要告诉人家你比他聪明。"聪明是一件好事，但处处显露自己的聪明，非要表现得

比别人聪明，就是愚蠢了。

在商务合作方面也是如此，但凡有点身份和地位的生意人，都有获得威信的需要，希望他人能够看到自己与众不同的才华与智慧。那么，如何显示自己的聪明才智呢？最简单的办法就是，和比较"笨拙"的人交往，反衬自己的聪明。

这是一种处世哲学，也是博弈的智慧。当你让对方表现得比自己聪明时，他会获得一种自尊感；当你的表现超越对方时，他们则会有一种被羞辱的感觉，不愿意继续谈下去。所以，要学会处处维护对方的自尊，把优越感让给对方，即便他说了一句你认为错误的话，且你知道是错的，也要这么说："噢，是这样啊！我倒是有另一种想法，但也许不对。""我经常会弄错，如果我错了，您可以指正。"……诸如此类的表达，绝不会给你惹上麻烦。

法国哲学家罗西法古说过："如果你要得到仇人，就表现得比你的朋友优越吧；如果你要得到朋友，就要让你的朋友表现得比你优越。"

这句话用在博弈中也是合适的，客户需要被重视，合作伙伴需要被赞赏，上司也需要有威信，所以与人相处时要适当收敛自己的锋芒。在表达自己对事物的看法时，一定要谦虚，千万不可流露出高人一等的感觉，毕竟很多话题是没有是非标准的，都是仁者见仁、智者见智。求同存异，才能发展合作关系。

🦌 57 | 犯错也是博弈之道，让对方放下戒备心理

心理学家做过一个有趣的实验，把四段情节相似的访谈录像播放给受试者。

录像1：一位非常优秀的成功人士接受主持人的访谈，他在自己所从事的领域内取得了辉煌的成就，在接受采访时也显得很自信，谈吐不凡，没有丝毫的羞涩感。台下的观众不时地为他的出色表现鼓掌。

录像2：同样是一位优秀的成功人士接受访谈，但他显得有些羞涩，特别是主持人向观众介绍他的成就时，他竟紧张得碰倒了桌子上的咖啡杯，咖啡弄脏了主持人的衣服。

录像3：一位普通人接受采访，跟前两位成功人士比，他没什么特别的成就。在整个采访的过程中，他一点也不紧张，也没什么吸引人的地方，平平淡淡。

录像4：同样是一位普通人，在接受采访的过程中，他显得特别紧张，跟第二位成功人士一样，他也把身边的咖啡杯碰倒了，弄脏了主持人的衣服。

播放完这四段录像后，心理学家让被试者从四个人中挑选出自己最喜欢和最不喜欢的。结果，几乎所有人都不喜欢第四段录像里的那位打翻咖啡杯的普通先生，而多数人都喜欢第二段录像里那位打翻了咖啡杯的成功人士。

为什么会出现这样的情况呢？心理学家总结出：对于那些取得

了大成就的人来说，出现打翻咖啡杯等微小的失误，会让人觉得他很真实、值得信任。倘若一个人表现得太过完美，没有任何可挑剔之处，反倒会让人觉得不够真诚。

从隐性心理意识来看，人们更倾向于自我的价值得到尊重和保护，不受贬低和伤害。当一个人的才华让我们感觉遥不可及时，这种差距会变成一种压力，让我们对其敬而远之，因为他们的存在会让我们感觉自我价值无法实现，反之亦然。

这就提醒我们，在与人交往的时候，想得到他人的信任和好感，不要过于苛求完美。在修炼自身、提升能力素养的同时，允许自己或是故意犯一些无关痛痒的小毛病，反而更能突显一种真实性，这种真实性可以让人从心理上产生认同感与安全感。

🦌 58 | 设置一些诱饵刺激对方，干扰对方的决策

麻省理工学院的斯隆管理学院曾经做过一个测试，他们让100个学生订阅《经济学人》杂志，并提供了三种不同的选择：第一，花费59美元购买电子版杂志；第二，花费125美元购买纸质版杂志；第三，同样花费125美元购买纸质版和电子版套餐。结果显示：订阅电子版杂志的16人；订阅纸质版的人数为0；订阅纸质版与电子版套餐的84人。

这样的结果在情理之中，毕竟花费同样的价格，获得了纸质版和

电子版套餐，多数人都会做出同样的选择。通过已知信息，多数学生在推理和分析中得出结论：电子版杂志是免费的。那么，情况到底是不是这样呢？

实际上，这都是杂志方的策略，它最初的目标就是希望学生订购125美元的纸质版与电子版杂志套餐，只不过，它担心学生会因为价格太高而拒绝，因此才设置了三种选择方案：59元的电子版杂志是设定的"竞争者"，目的是与125美元的纸质版杂志做对比；125美元的纸质版杂志是设定的信息"诱饵"，有了这个诱惑，学生们就会意识到，"原来电子版杂志可以免费"。此时，学生们看中的是"我节省了59美元"，却没有想过，其实自己根本没必要多花一笔钱去购买纸质版杂志，只要花59美元就完全能够阅读到杂志的全部内容。

后来，有人对这个测试进行了改动：删除"花125美元购买纸质版杂志"的选项，只剩下"59元购买电子版"和"125美元购买电子版与纸质版套餐"两个选项。结果发现：选择花59美元购买电子版的达68人，只有32人选择花费125美元购买电子版和纸质版套餐。很显然，这个时候学生们的选择都相对理智。

　　为什么会出现这样的差别呢？最主要的原因就在于，被删掉的第二个选项"花费125美元购买纸质版杂志"是一个诱饵，其作用是误导和刺激对方，让他们进行对比，并突显目标和竞争者对比时的优势。

　　其实，每一个博弈者最初都会设定一个自己的目标选项，只不过对方可能对这个目标选项并不太感兴趣，此时设置诱饵来干扰对方就显得很有必要了。诱饵的目的不是为了给对方增加新的选项，而是为了破坏其他竞争选项的优势，引导对方在对比中更倾向于接近目标选项。在多数时候，人们比较容易忽视竞争选项，而把目光放在诱饵与目标选项的对比上。

　　诱饵效应是一种很实用的博弈手段，但在使用时也要注意，诱饵与目标选项相比要有一定的相似性，但应该比目标选项更差一些。相似性可以吸引对方去比较，比目标选项更差则是为了凸显目标选项的优势，只有这样，才能起到干扰和引导的作用。

🦌59 | 当你选择了退一步，对方也会停止发难

　　想赢得他人的肯定，给人一种值得信赖的感觉，少不了要在人前"示强"，就是从内至外把自己打造成胜利者的模样。然而，博弈也不能一味地示强，在必要的时候还得懂得示弱。

136 ——

细读过《庄子》的朋友，一定还记得里面讲到过一个"意怠"哲学。"意怠"是一种很会鼓动翅膀的鸟，除此之外，再没什么出众的地方。别的鸟飞时，它也跟着飞；傍晚归巢时，它也跟着归巢。队伍前进时，它从来不争先；队伍后退时，它从来不落后。吃东西不抢食、不掉队，因而也很少受到威胁。

看到"意怠"的生存策略，你想到了什么？也许，你会觉得这种生存方式过于保守和迂腐，但从另外一个角度来说，在布满陷阱和危险的生活中，这也不失为最安全、最实用的生存哲学。许多时候，柔能克刚，弱能胜强。示弱并不是懦弱，而是一种心理策略。

博弈的精髓，从来都不是看一时的强弱，而是在任何时候都能认清局面，让自己处于最有利的位置。无论你本身是强者还是弱者，都可以在适当或必要的时候选择示弱。

英格丽·褒曼在获得两届奥斯卡最佳女主角奖后，又因在《东方快车谋杀案》中的出色演技获得最佳女配角奖。殊荣满身的她走上领奖台后，没有说一连串流俗的获奖感言，而是选择称赞与她角逐最佳女配角奖的弗仑汀娜·克蒂斯，她认为真正获奖的应该是这位落选者，并由衷地说："原谅我，弗仑汀娜，我事先并没有打算获奖。"

在荣光闪耀的领奖台上，不去谈自己的成就与辉煌，而是把自己"拉低"，推崇并维护自己的竞争者。想必，任谁是这位竞争者，都会对褒曼表示感激，认定她是一个知心朋友。对演员来说，能获奖是对自身能力最大的肯定，在这场现实的博弈中，她无疑是一个强大的赢家。在获奖之后，她还有更远的路要走，需要更多人的支持，在如何赢得人心（包括竞争者）的心理博弈中，她再次做了一回赢家。

一位朋友在下班高峰时段开车回家，突然感觉很不舒服，就降低了车速。后方的车开始不停地按喇叭，司机显得有些焦急，甚至摇下车窗冲他大吼。他本来想攒足力气去理论，可身体状况不允许他这么做。于是，他把车停下来，打开双闪，摇下车窗，对已经驾驶到身边的司机微弱地道歉："我的身体出了点问题，开车的时候已经尽力了，但还是不行。"

那位司机听后，立刻打手势并大声告诉后面的其他司机发生了什么事情。喧闹的路面静了下来，吵骂声和刺耳的喇叭声都没有了，所有的车都安静地等待着，因为他们获悉前方车辆的驾驶员身体不适。后面的一些司机还特意下车给他送水，问他需要什么药，是否要去医院。

人都有两面性，我们习惯把柔弱的一面藏起来，向外界展示强硬的一面。其实，适当地展示自己的弱势并非懦弱，而是一种坦诚。当你选择了退一步，另一方也会停止发难，这就像拳击比赛一样，不管比赛多激烈，一旦一方示意，另一方都不会再出手。

说了这么多，无非是想阐明一个事实：在社会中生存，如果碰到一个有实力的强者，而且他的实力明显高于你，那么你不必为了面子而与其争强。如果非要硬碰硬，你有可能摧折对方，但也有可能毁了自己。这时候，最好的解决办法是暂时妥协，主动示弱，使对方放下戒心。有意地暴露某些方面的弱点，也不失为一种有益的处世之道。

Chapter6

沟通有道: 赢得认同, 有效地说服对方

🦌 60｜刺激对方在意的东西，促使其自动做出改变

H经营着一家中等规模的企业，虽然平日里业务很忙，但还是经常带妻女出去旅行。

有一次，他和妻子到香港玩，在一家商店里，妻子看上了一枚翡翠戒指。H一看标签，价格是3万元，心里就有点犹豫了。这时，漂亮的售货员主动走过来介绍说："刚刚有位从日本来的使馆夫人也看上了这枚戒指，只是嫌价格太贵没有买。"

听到这儿，H的好胜心油然而生，立刻付款给妻子买了这枚戒指。

每个人的购买动机都不一样，有的人是真的需要，有的人是为了满足新、奇、美的心理，还有的人是为了满足好胜心。在向顾客推荐商品的时候，售货员很精明，她巧妙地运用了激将法，击中对方的要害。为了挽回面子，H先生果然就下单了。

激将法已经不是什么新鲜的策略了，但从古至今一直都很有效。《孙子兵法》中提到过一个"怒而挠之"的策略，说的就是对于那些容易暴怒的敌将，可以用挑逗的方式来激怒他，使其失去理智，从而冲动行事。

从心理学的角度来说，激将法就是利用他人的自尊心和逆反心理，用刺激的方式激发出对方不服输的情绪，让其将自己的潜能发挥出来，从而得到不同寻常的效果。

在运用激将法的时候，也得讲究方法和技巧，不能一下子把对

方激怒。有时，我们可以采取隐秘的手段，适当地给予对方刺激，让其进入提前预设的激动状态中，如愤怒、羞耻、不服、兴奋等，导致对方情绪失控，然后去做你想让他做的事。

在商务谈判中，场外的行动会对双方的注意力产生影响，可以对商谈者起到一定的刺激作用。比如，谈判期间，同时跟另外的商家接洽；在谈判过程中，突然有其他客商找上门来，暂时中断正在进行的会谈；直接和其他客商交换资料……这些都是让双方敏感的举动，可以给对方很多暗示，使对方产生一种紧迫感。

> 你根本就
> 是个懦夫！

激将法很考验口才，毫不夸张地说，激将语言是各种语言技巧里最为猛烈的一种。在使用的时候，一定要注意对方的心理承受能力。这就跟治病一样，必须对症下药才有效，如果药开错了，不仅不能治病，还可能带来麻烦。

首先，你得选择合适的对象。被激的对象必须是那种有着强烈自尊心的人，否则的话，你很难激起他内心的力量。通常，年纪小的比年纪大的人容易激动；见识少的比见识多的人容易生气；越是讲究穿着打扮、争强好胜和受人尊重的人，越怕别人看不起。另外，激将法用在比较熟悉的人中间比较好，如果用语言去激陌生人，很容易被认为是羞辱和蔑视，惹来麻烦。

其次，要选择合适的时机和内容。激将法要根据具体的时间、具体的人物来定。没考虑好的时候，或者话说得太早了，没有掌握最恰当的时机，都可能无法发挥效用。语言的内容也要有分寸，不痛不痒不行，太过尖刻也不行。为了保证达到目的，又避免适得其反，有人经常会用暗激法，就是不明着刺激对方，而是用褒扬其他人的方式，促使对方做出改变。

总而言之，激将策略的实质就在于，从对方在意的角度去激对方，让对方感到不再是愿不愿意这么做，而是应该和必须这么做。当然了，在运用的过程中必须考虑对方的实际思想、个性、心理承受能力，对其的期望、刺激要适时适度。只有实现了心理上的沟通和相容，才能让激将法在博弈中发挥最佳效应。

🦌 61｜多说"我们"少说"我"，发挥自己人效应

会谈判的人，在博弈中往往会避开"我"字，而选择用"我们"。

其实，这是在运用"自己人效应"，它和社会心理学中的喜欢机制是一脉相承的。所谓"自己人"，就是指对方把你与他归于同一类人，"自己人效应"是指人们对"自己人"所说的话更加信赖，更容易接受。

俄国十月革命刚刚胜利的时候，许多农民怀着对沙皇的刻骨仇恨，坚决要烧掉沙皇住过的宫殿。为此，不少人都来做农民的工作。可不管是耐心劝解，还是利益诱惑，农民都置之不理，非烧不

可。最后，列宁只好亲自出面。

列宁对农民说："你们想烧房子，没问题啊！不过，在烧房子之前，我们大家一起来思考几个问题好不好？""当然可以。"

列宁问："沙皇住的房子是谁造的？"

"是我们造的。"农民回答。

列宁又问："我们自己造的房子，不让沙皇住，让我们自己的代表住好不好？"

"好！"农民异口同声地回答。

列宁再问："那么，这房子我们还要不要烧呢？"

农民们觉得列宁讲得很有道理，最后同意将房子保留下来。

在整个博弈的过程中，列宁运用的都是自己人效应。他巧妙地利用感情技巧，拉近了与农民之间的心理距离，化解了对方内心的积怨。

细翻中外伟人的传记，我们会发现一个事实，这些人在与人相处的过程中，往往都散发着吸引人的魅力。这份魅力不仅限于他们的能力和才华，更在于说话的艺术。

亨利·福特二世在描述令人厌烦的

行为时说过："一个满嘴

'我'的人，一个独占

'我'的人，随时实地

说'我'的人，是一个

不受欢迎的人。"与人

沟通时，"我"字讲得太多，并且过分强调"我"，会给人突出自我、标榜自我的印象，让你和对方之间产生一道防线，形成障碍，影响他人对你的认同。

要别人认可、信任你，就要想办法让对方认为你是"自己人"，并且努力使双方处于平等的地位，这样才能提高人际影响力。与此同时，还要培养良好的个性品质。心理学研究证明：具备开朗、坦率、大度、正直等个性品质的人，人际影响力较强；自私、欺上瞒下、表里不一、以自我为中心的人，是最不受欢迎的。

🦌 62 | 一句有力的提问，胜过十句滔滔不绝的表达

真正善于博弈、深谙人心者，从来都是一个问话高手。无论是生活中与人交往，还是工作中与人洽谈，这样的人总会给人一种善解人意的亲和感。当他们与对方立场不同、产生分歧的时候，也能用引导的方式，在博弈中胜出，让对方心甘情愿说"是"；待对方回答的次数变多了，再回到主题上，对方也会下意识地回答"是"。这种博弈方式，在心理学上被称为"苏格拉底式提问"。

苏格拉底是古希腊有名的哲学家，他经常在公众场合传授自己的思想。不过，他从来不是滔滔不绝地讲解，而总是说自己什么也不了解，借此向对方提出一系列的问题。有一回，他跟一位年轻人讨论"什么是道德"的问题。

苏格拉底："人人都说做人要有道德，你能否告诉我什么是道德？"

年轻人："做人要忠诚老实，不能欺骗他人。这就是大家说的道德的行为。"

苏格拉底："你说道德就是不能欺骗他人，那在和敌人作战时，我国的军人为了击退敌人，想办法欺骗、迷惑敌人，这种欺骗是不是道德的呢？"

年轻人："欺骗敌人当然符合道德，但是欺骗国人就不是道德的了。"

苏格拉底："当我方军人和敌人交战时被敌军包围了，士气低落。我方将领为了提升士气进行突围，欺骗士兵说援军马上就到，要组织突围。结果士气大振，我方突围成功。那你说这位将领是个不道德的人吗？"

年轻人："在战争中一切都是合理的，所以这位将领是道德的，但我们在生活中不能欺骗人。"

苏格拉底："我们在生活中经常会遇到这样的情况：儿子生病了，父亲来取药，儿子却不愿意吃。为了让儿子乖乖吃药，父亲骗儿子说这个东西不是药，是一种好吃的食物。儿子相信父亲，就把药吃了，第二天病好了，你说这位父亲是个不道德的人吗？"

年轻人："这种欺骗是道德的。"

苏格拉底："不骗人是道德的，骗人也是道德的，那到底什么样才是不道德的呢？"

年轻人："我现在都糊涂了，以前我还能分辨出什么是道德的，什么是不道德的，现在却分不清了。您能告诉我，什么才是道德的吗？"

苏格拉底："其实，道德就是道德。"

苏格拉底的意思是说，没有一成不变的道德，道德因情势而改变、因人而异。在跟年轻人讨论时，他提出了一系列的问题，让对方陷入了自我矛盾中，直至自己承认自己的观点是错的。事实上，在说服他人的时候，不一定非要提出一系列的问题，细心留意，你就会发现：运用疑问句总是比陈述句更具说服力。

我不会讲课，我只会提问。

有个妈妈和儿子一起逛商场，儿子很想让妈妈给自己再买一条牛仔裤，可又担心妈妈不同意，因为前些天妈妈刚给他买过一条。他很聪明，没有直接说"我就想买"，而是板着脸，用严肃的语气跟妈妈说："您见过哪个孩子只有一条牛仔裤的？"

就这么一句话，妈妈就笑了，即刻给他买了一条。在跟朋友说起这件事时，妈妈讲道："如果这孩子撒泼耍小性让我给他买，我肯定不同意。可他这么一问，我倒觉得孩子也得注意自己的形象，哪能让孩子总是穿同一条牛仔裤呢？我就给他买了。"

虽然没有直接说出自己的意图，可一句巧妙的提问却引得听者反思，让对方自己主动说"是"。今后，如果你想说服一个人，不妨也试试苏格拉底式提问。有时候，一句有力的问句，胜过十句滔滔不绝的表达。

🦌 63 | 先认同对方的想法，再委婉表达不同的看法

Y是一位保险业务员，从业十几年了，在公司里的业绩相当出色。都说这个年代保险行业不好做，很多入行的人坚持不了多久就放弃了，原因就是还没跟客户详谈，就直接被客户拒绝了。Y在这方面让很多同行望尘莫及，她的销售做得似乎得心应手。

有同事向Y取经，Y提到了一条：保持耐心，先听客户说什么，站在客户的角度想问题。最重要的是，先取得说话权，等谈得顺利后，再趁机加进自己的看法，引导客户听取自己的意见。比如，经常会有客户回绝说："我对保险不感兴趣。"不少新人听到这句话说时，心气立刻就没了，也不知道该怎么接话了。Y在碰到这样的状况时，会接着顾客的话说："您说得有道理，谁会对保险这种关于生、老、病、死躲也躲不及的事情有兴趣呢！我也没兴趣。"

听到这里时，顾客往往会反问："既然你也没兴趣，干吗还要做这一行？"这就给了Y表达自己的机会。之后，她会把保险的重要性讲出来："虽然咱们都对保险没兴趣，可生活中的很多事情我们无法预料……"

很多保险推销员之所以做得不顺利，通常就是在上面这个博弈的环节中犯了错误，他们会反驳顾客的观点："你错了，保险很重要……"直截了当地否定对方的说法，必然会招来反感，顾客也必定不会给他们继续说下去的机会。听他们说下去，那感觉就像在接受"批评"和"教育"，谁愿意丢这样的面子呢？

生活中有一个"YES，BUT定律"，在试图说服别人的时候，不妨先听对方说，对对方的想法表示肯定和接受，即"YES"；听完之后，再说出自己认同或不认同的想法，即"BUT"。这样的话，对方才会觉得"跟你说话永远有希望"，而不是被一竿子打死。

就像我们前面说的，每个人都要面子，你若能顾全对方的面子，把他置身于一个平等的地位，甚至让对方有一种被重视、被尊重的感觉，他才能敞开心胸，接受不同的想法。否则的话，他可能变得更加顽固，特别是在听到"你错了"的话语时，更是难以接受，会让彼此的关系进入僵局，为你的说服增加难度。倘若换一种说法："你说得没错，我能理解你的心情，只是对很多人来说，还不太现实……"

委婉地表达不同的看法，比直接说"不"更容易让人接受。当你认同对方的观点时，就等于给予了对方表现的机会。当他心情愉悦了，对你产生了好感，他才有可能接受你的建议。要做到这一点，也是需要掌握一些技巧的。

你一定要在言语上肯定对方。当对方表达自己的观点时，最好笑着给予肯定，然后给对方更多表达的机会。这样的话，就比较容易满足对方的表现欲，一旦他愿意与你开心地交谈，就意味着把你当成了朋友。待他讲得差不多时，你可以再表达出自己的一些不同看法和建议，此时对方会更容易接受。

你要注意倾听对方的话。倾听他人是一种尊重，一种无声的认同。无论对方说的观点是对是错，都要微笑着给予肯定，哪怕你再不认同，也要忍耐。一旦你与对方发生了争论，接下来，不管你说什么，他都很难接受。

倾听了他人的观点后，轮到你表态了。此时，你可以说"BUT"，但态度一定要温和，给对方留点余地。比如，听取了对方的意见后，若不太同意，可以说："你刚刚说的有一定的道理，但如果能够……是不是会更好？"也可以说："你的意见我想再补充一下，或许没那么好，但也希望作为参考。"

换位思考一下，当别人用这样的方式跟你沟通时，你感受到的是不是一种尊重，甚至会感激对方真心地为自己提供参考意见？用你喜欢的方式去对待别人，这一点在任何时候都是通用的。尤其是在观点产生分歧时，"YES，BUT定律"有它的圆融周到之处，不仅能让彼此在融洽的氛围中沟通，同时也是一种以退为进的博弈策略。

🦌 64 | 用对方的矛戳对方的盾，无须争论也可以反驳

冯梦龙在《古今谭概》中讲过这样一个故事：

一个出身大户人家的青年，屡屡参加科考都名落孙山，家族里的人都看不起他。他心里很憋屈，觉得自己就是缺少一个被伯乐相助的机会。后来，又发生了一件事，让他内心的挫败感变得更强烈，那就是自己的儿子初次参加科考，就被皇上钦点为状元。

有一天，他跟父亲及亲友们一起吃饭。父亲当着众人的面数落他落榜的事，他实在忍受不了了，大声地对父亲说："我的父亲是当朝内阁大学士，你的父亲是一个靠打鱼为生的渔民；我的儿子是皇上钦点的状元，你的儿子是每次都名落孙山的书生。你看，你的父亲不如我的父亲，你的儿子也不如我的儿子，这么说来，我比你要好得多，你怎么还骂我呢？"

父亲听后，先是一愣，而后笑了起来。自那以后，父亲再也没有奚落过他。

故事里的书生遇到的尴尬情境，对现实中的我们来说并不陌生。无论是工作还是生活，难免会遇见一些粗俗无礼、说话尖酸刻薄的人，碍于身份和面子，直接顶撞不太合时宜，也可能会伤及面子和关系。

面对这样的状况，用借力使力的方法进行博

弈是最恰当的。

所谓"借力使力"，就是把他人的言论或论调变成攻击对方的有力武器，通常是在贬低对方的时候暗中称赞对方，在称赞对方的时候贬低回击对方，让对方哑口无言。要使用这一策略，需要说话者先站在对方的立场上思考，充分了解对方的心思。人的内心防线就像一个盾，而他们自己说的话就可能成为攻破防线的矛。

赵小姐是公司采购部的负责人，不久前刚刚从某公司采购回一批产品，但在使用过程中发现，产品经常出现各种故障。她拿了一些不合格的样品到对方公司，提出退货，可对方却说："我们的产品经过重重把关，质量肯定是没问题的。"

这分明是狡辩之词，赵小姐心里也清楚，但她没有直接反驳对方，而是顺着对方的话说："您说得对，我们就是冲着你们对产品质量的严格把关才选择贵公司的产品。"

对方说："就是，我们公司一切都是很正规的，在操作中只要按照产品说明书认真操作，肯定不会有问题。"

赵小姐笑笑，说："可我们在使用过程中，您家的产品屡屡出现故障。我们的操作方法就是严格按照你们的产品说明书的指示做的。既然您说只要按照说明书的指示做就不会有问题，那我们在使用过程中的那些故障，您要怎么解释呢？"

听了赵小姐的话，对方摇头笑了笑，也不争辩了，痛快地带着赵小姐办理了退货手续。

赵小姐没有说一句反驳对方的话，而是用对方自己的话驳倒他。毕竟，这些话是"你"说的，而不是"我"凭空捏造的，你若跟"我"争辩的话，就等于是自己否定自己。

由此可见，利用对方的心理来说服对方，就是在不同的情境下去揣摩对方的心理动态，找出对方的漏洞，继而瓦解对方的心理防线，巧妙地说服对方。若是用自己的矛去戳对方的盾，往往会导致激烈的争论，最后闹得不欢而散，甚至是两败俱伤。换一种方式，用对方的矛去戳对方的盾，事情就变得容易多了。

🦌 65 | 适当制造善意的"威胁"，提升说服效力

希尔顿饭店如今闻名世界，可它在刚刚创建的时候也是举步维艰，一度陷入资金匮乏的境地。特别是在修建达拉斯的希尔顿饭店时，创始人希尔顿做了一个预算，仅仅饭店建筑费一项就得花费100万美元。为了解决巨大的资金缺口，希尔顿想了不少办法，可又逐一否决了。最后，希尔顿灵机一动，想出一个点子：卖地皮给他的房地产商杜德！

希尔顿找到杜德，对他说："如果我的房子停工待料，附近的地皮价格一定会大幅降低。如果我再宣传一下，说饭店停工是因为位置不好而另选新址，那你的地皮可就卖不了好价钱了。"听了希尔顿的话，杜德一点办法也没有，他很清楚希尔顿饭店对他的意义，就接受了希尔顿提出的条件。

在这一场博弈中，希尔顿原本是被动方，他面临着进退维谷的两难困境。然而，他很聪明，巧妙地运用了"威胁策略"，把杜德的利益牵扯进来。杜德本来不太想帮这个忙，可由于担心自己的利益受损，只好答应。

这一策略在现实中的运用很广，特别是在商业场合和销售过程中。所谓的"威胁"，并不是真的去威胁对方，而是通过合理而巧妙的暗示，让对方感觉如果不答应的话，未来真有可能发生对自己不利的情况，从而选择接受。

T小姐是某保健器材公司的业务代表，她在一位老客户的介绍下，认识了一家房地产公司的经理赵总。在拜访赵总之前，T就已经听说，只要对方认准了的产品，就不会在价格上斤斤计较。

某个周末，T和赵总见面了。一番寒暄之后，T向赵总介绍了公司新推出的一款保健器材的功能和特点。赵总很直爽，说："目前我还没有这方面的需要，如果有需要的话，我一定会跟你联系的。"

T明白，赵总是在向自己下逐客令，可她并不介意，接着说："听说，您的父亲马上要过七十大寿了，人生七十古来稀啊！"就这么一句家常，拉开了赵总的话匣子："我父亲保养得还算不错，但毕竟年龄大了，身体一天不如一天，时常会出现一些小毛病。"

T说："其实，老年人的身体多少都会有点问题，光靠吃药没有用，关键还是要做一些有益的活动。"赵总一脸严肃，说："以前，我父母也会参加一些活动，可最近总说很累，懒得出门。"

"我们公司的产品刚好能帮您解决这个难题……"T顺着赵总

的话茬儿，介绍了使用这种保健器材的一系列好处。这时，赵总已经有点动心，T便趁热打铁："您父亲马上要过七十大寿了，送点有意义的礼物挺合适的。这种保健器材既能表达孝心，也对老人的身体有益。不瞒您说，我们的库存现在就剩下两台了，现在要是不买，恐怕就得等下一批货了，具体到货时间还没有定。"

赵总听后，觉得有道理，就说："那就给我定一台吧！买点实用的东西也好。"

在运用"威胁策略"的时候，一定要跟正面说服的方法结合起来，不然的话，就会让对方感到不安，或是导致不愉快场面的出现，毕竟，没有人愿意被威胁。我们这里强调的是，让对方感受到，如果此刻不下定决心，不做出调整，很有可能会失去某些利益，从反面去触动他，而非直白地讲述自己的观点和建议有多好。总而言之，记住一句话："威胁"不是真正的目的，只是增强说服效力的一种手段！

🦌 66｜用真情实感打动对方，会增加成功的概率

很多人在说服他人时，习惯用冰冷尖刻的语言，以为这样更有

力量。事实上，要说服他人，强词夺理是行不通的，这样做只会激怒对方，让事情朝着更加糟糕的方向发展。在博弈的过程中，唯有用真情实感去打动对方，才有可能得到想要的结果。

有句话说得好："不看你说什么，只看你怎么说。"同一个意思，不同的人有不同的说法，不同的说法有不同的结果。与人交往时，无论遇到什么情况，都该用"诚"与"情"两个字去对待别人，如果语言太过直接，往往会伤害到他人的自尊。

那么，到底要怎么做才好呢？在这里，强调一下运用真情实感打动他人的技巧：你要以情动人，不必讲过多的大道理。著名宣传理论家埃柳利说："单靠理性论据去说服别人，不仅太麻烦，还不一定奏效。你应当发挥情感的效用，它的影响更加直接，这个过程中，不一定非要有合理的论据。在这种情况下，动之以情就够了，不需要所谓的晓之以理。

南北战争的时候，由罗伯特·李将军率领南部邦联军队作战。有一次，他在南部邦联总统杰佛生·戴维斯跟前，赞美了他下属的一位军官。在场的另一位军官非常惊讶，因为他知道，李将军刚刚赞赏的那个人是他的死敌。李将军是这样解释的："没错。不过，总统问的是我对他的看法，不是他对我的看法。"

背后赞美别人，效用往往出其不意。很快，李将军的话就传到了那位军官的耳朵里，他对李将军萌生了一种好感，结果，李将军赢得了这位军官的信服和支持。

人是有感情的高级动物，真正铁石心肠的人并不多见。在与人交谈中，想要劝说别人接受自己的观点，或者寻求对方的帮助时，要懂得付出真诚，以诚感人，以情动人，这样做的话，能够大大增加成功的概率。

其次，你要以情服人，引发对方的共鸣。所谓动之以情，就是要直接激起人的情感反应，拨动对方的情感之弦，引发情感上的共鸣。一般来说，人类本身都有一些心理积淀，只要在适当的时候触动这些心理积淀，唤醒对方原有的心理感应，就能引发共鸣。

美国经济大萧条时期，一位女孩费了好大的劲才找到一份工作，在高级珠宝店做售货员。圣诞节的前一天，店里来了一位顾客，看上去他并不太富有，25岁左右，穿着一身破旧的衣裳，满脸的阴郁。他死死地盯着那些高档首饰，有一种可望不可即的意味。

有人给女孩打了一个电话，她因为着急，不小心碰翻了一个碟子，六枚精美绝伦的金戒指掉在了地上。女孩赶紧蹲下来捡，可她只找到了其中的五枚，这时，她留意到那个年轻人，他正朝着门口的方向走去，恍然间，她就知道了怎么回事。

男子刚要走出门时，女孩拦住了他，轻轻地说道："对不起，先生。"男子转过身来，看着女孩。他们谁也没有说话，对视了大概有一分钟。

男子看起来有点紧张，脸上的表情很僵硬，他问："有什么事？"女孩一时间呆住了，竟然不知道该说些什么，怎么开口。男子又问："你到底有什么事？"

女孩突然间显得很伤感，她说："先生，这是我的第一份工作，现在经济危机，能有一份工作真的很不容易，你说是不是？"男子看着女孩，片刻之后，脸上浮现出一丝微笑。他点点头，说："的确如此。不过我敢打赌，你会在这里做得很好。"

女孩问："我能够和您握手，为您祝福吗？"男子迟疑了一下，然后走向前，把手伸给女孩。而后，女孩看着男子走出了门口。她转身走向柜台，手里握着第六枚戒指。

男子偷走了戒指，最后却心甘情愿地交给女孩，全在于女孩尊重和理解他，提起"找一份工作很难"，引发对方的情感共鸣。

看到了吗？真正的博弈高手，在说服别人的过程中，都很重视情感，那些缺乏感情的、冰冷的话，往往都不能打动对方。所以，在说服他人的时候，记得给你的语言加上一点感情，让它发挥出鼓动、激情和引导的效用。

🦌 67 | 在他人疲惫时说服，更容易被对方接受

不少电话销售高手都喜欢在下午五点钟左右打电话，此时的沟通效果最好；专卖店里上午的生意很冷清，下午的销售额却往往要好得多；酒桌上谈生意，成功的概率往往更大……这些经常发生在

我们身边的现象，其实隐藏着一个重要的心理规律。

美国心理学家丹尼尔·吉尔伯特在一项研究中发现：人在疲惫的时候更容易被他人说服和欺骗，即使听到假话也会信以为真。但如果打起精神来稍微分辨，就会知道事情的真伪。对于重要的信息，当人们感觉可信度不高时，就会充分利用原有的认知来质疑它的真实性。可在疲惫的状况下，认识能力会下降，从而轻信这些消息。

在博弈的过程中，不少人就敏锐地抓住了这一普遍规律，采用疲劳战术。希特勒是一个演讲高手，他认为傍晚是最适合演讲的时候，因为这段时间听众的情绪比较浮躁，警惕性没那么高，容易接受他人的意见。现在，从心理学的角度看，这个判断是正确的。

大家都知道，充足的睡眠能让人保持清醒的头脑。当人们经过充分的休息后，注意力会更加集中，警觉性也会更高，在表达方面也更有条理。可在疲惫的状态下，情况就不一样了，整个人会觉得脑子蒙蒙的，做事也容易分心，辨别能力降低。

有些国家的执法人员运用这个规律，对囚犯进行睡眠剥夺，即选择在囚犯疲惫和困顿的时候进行审讯。一位囚犯在谈到被人洗脑时说："我觉得完了，感觉非常累，不受控制，两分钟之前说过的话，转眼就记不清了。什么也记不清了，在那样的情况下，审判员就是主人，他说什么就是什么。"

在商务谈判中，有时会遇到锋芒毕露、咄咄逼人的对手。他们以各种方式表现出居高临下、先声夺人的姿态，对于这类谈判者，疲劳战术就是一个有效的策略。此战术的目的在于，通过多回合的拉锯战，让对方就某一个问题或某几个问题反复进行陈述，从心理和生理上让其感觉疲劳生厌，逐渐磨去其锐气，同时，也能扭转己方在谈判中的不利地位。待对手筋疲力尽、头晕脑涨之时，己方便可以转守为攻，促使对方接受己方的条件。

中东的企业家们经常会用到这一策略。他们在白天天气酷热的时候，邀请欧洲的代表们观光，晚上招待他们欣赏歌舞表演。经过充分的休整，到了深夜，白天不见踪影的中东代表团的领队出现了，神采奕奕地跟欧洲代表们展开谈判。欧洲代表们经过一天的奔波，早就疲惫不堪了，只想着早点休息。谈判的结果可想而知，欧洲代表经常会做出让步。

心理学研究表明，人的心理特质有很大差异，在气质、性格方面几乎人人都不一样，这也使得每个人的行为都有其独特的一面。通常来说，性格急躁、喜欢挑战的人，往往缺乏耐受力。一旦他们的气势被遏制住，自信心就会丧失，很快败下阵来。遏制其气势最好的办法，就是采用疲劳战术，攻其弱点，避其锋芒，在回避和周旋中消磨他的锐气，做到以柔克刚。

在利用疲劳战术时，最忌讳的一点就是硬碰硬，这样很容易激起双方的对立情绪。更何况，硬是对方的长处，只有以柔克刚、以软制硬，才会有效果。如果确信谈判对手比己方更着急达成协议，那么疲劳战术就是一个绝佳的选择。

🦌 68 | 与对方对抗时，用沉默让其感受到压力

作家史铁生说过："沉默常常是必要的，沉默可以通向有声有形的语言所不能到达的地方。"一个强势的人，不是用喋喋不休、针锋相对的话来表现他的力量，而是把力量藏在沉默中，这正是心理学中的"沉默效应"，即在与对方对抗时，用沉默让对方感受到压力。

有位学者应邀到某大学演讲，走进会场时，他发现整个礼堂吵闹不止，就像在开联欢会一样。一位老师站在讲台上用麦克风维持秩序，但学生们根本不理会。这时，学者对那位老师说："没关系，让我来吧！"只见，学者一个人默默地站在讲台上，看着那些学生打闹，一句话也不说。没想到，学生们很快就自觉安静下来，整个礼堂鸦雀无声。

瞧，这就是沉默效应。声嘶力竭地去维持秩序，反倒令人不屑一顾，一反常态的沉默，倒会在心理上震慑住对方。有些情况下，运用沉默效应是很必要的，前提是必须把沉默和冷漠区分开，不能盲目地乱用。那么，在什么情况下应当保持沉默呢？

情绪不好的时候可保持沉默。人在情绪不佳时最容易冲动，此时无论说话还是办事都很难达到良好的效果。遇到此类情形，最好先沉默数秒，让情绪平复下来。

碰到不能独自决断的事可保持沉默。不了解情况就慌忙地答应对方，往往会把自己推入一个尴尬的境地。在这样的状况下，保持沉默就是一种无声的拒绝。

面对无谓的评价时可保持沉默。一位著名的女主持人，说话的时候声音细细的，每次想表达自己的观点，也总是不慌不忙地娓娓道来，然后露出一抹微笑。曾经，有人批评她的主持风格太过温情，太过小心翼翼，没有尖锐和硬朗的一面。

对于这样的评价，她解释道："在语言上压住嘉宾，不是什么难题，但不是我的风格。有理不在声高，不露声色地把自己想表达的东西说清楚，反而更有说服力。我一直喜欢'润物细无声'的境界，轻松而温和，把我相信的、想说的话告诉别人。"事实证明，言语上没有丝毫的傲慢、卖弄和张扬，一样可以掌握主动权。

君子敏于行，慎于言。在某些场合里，无声的对抗远远胜过声嘶力竭的怒吼。该沉默的时候，用沉默回应对方，既能避免祸从口出的尴尬，也给对方一个震慑，让他摸不清你的思路，让你成为博弈中的胜者。

🦌 69 | 精准的数据最直观，也让对方无法辩驳

在谈判博弈中，高手不仅能够正确、清晰地认识和分析事物，还能够站在对方的立场思考问题，通过有效的辩论来说服对方。

通常，说服他人的方式有两种：其一，以叙述的方式描述事物，引起对方的共鸣，也就是实例认证；其二，以精准的数据获取对方的信服，即数据论证。相比而言，后者的说服力更强，因为它

能够提出最直观的证据，让对方无法辩驳。

心理学家迈克尔·诺顿为了论证现代人的幸福感与金钱之间的关系，曾经做过一次抽样调查，结果显示：那些所谓的有钱人，尽管拥有的财富不断增加，但他们的幸福指数并没有随之提升。他利用科学的评分系统，给有钱人的幸福打分，真正能够获得10分的有钱人寥寥无几，他们的幸福指数通常都在5分以下。

迈克尔·诺顿指出："有钱人无论是拥有100万美元，还是1000万美元，他们的幸福感都不会随着财富的增长而增长。"最后，他得出结论：现代人的幸福感并不完全与金钱挂钩，甚至可能与收入成反比。

很多人对这个结论感到疑惑：为什么钱越赚越多，幸福感却越来越少呢？

迈克尔·诺顿再次用数据来进行论证。他通过走访调查获得了精准的数据统计：如今，美国患抑郁症的人数已经是20世纪60年代的10倍以上，且患者的年龄也从20世纪60年代的29.5岁下降到现在的14.5岁。这种情况不只出现在美国，世界上其他国家也存在类似情况，如：英国在1957年的时候，有52%的人感觉自己很幸福，现在这个数值下降到36%。在这段时期，英国人的平均收入至少提高了3倍以上。通过这些权威的数据，迈克尔·诺顿得出结论：金钱不是衡量幸福感的唯一标准。

与实例论证相比，数据论证显得不那么生动，但它带给对方的初始冲击力却是巨大的。在博弈中，如果你能够提供精准的数据论证，往往可以有力地说服对方。

Chapter7

巧用策略：狭路相逢，
技高者胜

🦌 70 | 鸡蛋碰石头不可取，弱者胜出要凭借技能

自然界是一个巨大的博弈场，各种动物想要生存，都必须与天敌们进行博弈。对弱势的动物群体来说，面对强大凶猛的天敌时，硬碰硬是绝对不可能的，但这不代表处于弱势地位就一定会输，它们都有能让自己绝处逢生的策略。

负鼠在动物世界里的名声并不好，别人总称它为"骗子"，因为负鼠会"装死术"，它用这个办法骗过许多动物。一天，负鼠遭到了狮子的追击，眼看狮子就要抓住负鼠了，可这时候意外出现了，负鼠突然间倒在地上，脸色变淡，嘴巴张开，并伸出舌头；再看它的两只眼睛，紧紧地闭着，长尾巴一直卷在上下颌之间，肚皮鼓得很高，呼吸和心跳也终止了。负鼠的身体不停地剧烈抖动，表情看上去非常痛苦。

狮子虽然凶猛，可眼前的景象还是把它吓傻了。狮子不知道负鼠为何会突然间死亡，它通常不敢贸然接近刚刚死去的猎物，总担心有埋伏。负鼠的死很突然，它更是心生疑惑。狮子看着负鼠，想看看到底是怎么了。

装死的负鼠看到狮子久久不愿离去，便使出了第二招。负鼠从肛门旁边的臭腺中排出了一种恶臭的黄色液体。狮子很快就闻到了这种令人反胃的气味，它用前爪动了动负鼠的身体，负鼠纹丝不动。它确定，负鼠是真的死了，而且尸体已经开始腐烂了。狮子喜欢吃新鲜的

肉，眼前的负鼠臭烘烘的，它觉得很扫兴，便丧气地走了。

过了几分钟，负鼠确定狮子已经走远，它便恢复正常。负鼠躺在地上巡察四周，见没什么危险，便立即爬了起来。好不容易拣回一条命，它赶紧逃走了。

或许有人觉得，用装死的手段逃生是一种懦弱之举，然而，当你真的面临死亡的时候，如果不能够领悟装死是一种武器的话，那才是真正的愚昧。在生命与"骗子"的称号之间，相信任何一个聪明的人都会选择后者，正所谓：留得青山在，不怕没柴烧。

想在强弱对比悬殊的博弈中胜出，最怕的就是用鸡蛋碰石头，要根据实际的情况调整策略，做出最有利于自己的选择，变不利为有利，这才是生活中的辩证智慧。世事都不是绝对的，"狭路相逢勇者胜"并非唯一真理，在合理范围内采取合理的对策，弱者一样可以凭技能胜出。

🦌 71 | 来点出其不意，让对方在心理上感到不安

有一届港姐竞选决赛，为了测试参赛小姐的语言表达和随机应

变能力，考官询问一位香港小姐："如果让你在肖邦和希特勒之间选择一位作为自己的终身伴侣，你会选择谁？"

问题很简单，却也很刁钻。如果她选择肖邦，不免会落入俗套；如果她选择希特勒，又会遭人诟病，毕竟后者是一个杀人魔王，做了很多令人难以原谅的事。然而，这个选择题是必须做的，考官俨然把这位港姐逼到了"绝境"。

思考片刻后，这位港姐回答："我选择希特勒。"台下观众一片哗然，想听听她的解释。于是，她给出了这样的理由："我希望自己能够感化希特勒，如果我嫁给他的话，第二次世界大战就不会发生了。"

这位聪明的港姐避开了从众意识，递交了一份出乎考官和观众意料的答卷。事实证明，在任何谈判中，如果我们的言行正如对方所料，对方就会保持一颗平常心，有种胜券在握的感觉；如果我们的举动出乎对方所料，对方就会在心理上感到不安。这样的做法，有助于我们在谈判博弈中占据主动位置。

曾有一次，日本作家曾野绫子先生的家里进了强盗。强盗表现得凶神恶煞，直接让曾野绫子先生拿出钱来。突然发生这样的事，曾野先生不免感到惊恐，但他也知道这是一场重大的博弈，他不能把内心的恐惧表现出来。因为犯罪心理学家分析过，遇到这样的情况大喊大叫或逃跑，是罪犯早已料到的反应，正中其下怀。如此的话，强盗就会变得更加嚣张。

于是，曾野先生故作平静地对强盗说："要多少，尽管拿走。"

强盗一听这话，完全出乎他的意料，反而陷入不安之中，心里琢磨："这个人怎么不害怕呢？难道附近住着和警察相关的人？这不正常呀……"强盗开始揣测起来，越想越不安，最后竟然自己跑了。

在商务谈判之中，出其不意的策略，也可以给对方施加压力，促使其以对己方最有利的条件达成协议。具体的做法包括：在时间上给对方造成压力，突然宣布截止日期，或是延长会议时间等；向对方提一个出其不意的问题，如对某些条件提出新要求、做出新让步、最高决策人突然参加谈判等；或者公布让对方大吃一惊的资料……这些都会打破对方的谈判逻辑，击穿对方的心理防线，让对方立刻陷入谈判劣势中。

🦌 72 合理利用时间资源，在博弈中获得更大优势

时间是大家习以为常的东西，也是一个最容易被忽略的资源。尤其是在博弈环境下，距离谈判结束时间越来越近时，如果双方尚未达成一致，那么此时谁在时间方面更加宽裕，谁就会占据优势；时间比较紧迫的一方则容易被人抓住这个弱点，进行针对性的压制，继而陷入更加被动的状态。一旦时间耗尽，对方退无可退，只能被迫接受相关条件。

Z先生想要收购一批陈货，故而找到了W老板，并开出30万元的收购价格。相比价格最高的时期，Z先生的报价低了近一半，W老板

自然是不乐意的。在他看来，就算这批货比不上高峰期的价位，但以40万元打包出售的话还是有可能的。所以，W老板拒绝了Z先生的报价，希望对方可以把价格提高到40万元。

Z先生事先了解到，任何产品只有在销售火爆期才能卖到更高的价格，一旦市场饱和或是产品更新迭代，价格就会迅速降低。目前，此货物的新品即将上市，如果W老板不赶紧抛售的话，很可能会砸在手里，到时候就算贱卖也难了。因此，Z先生显得不慌不忙，依旧隔三差五向W老板问价，当然两个人每次都没有谈拢价格。

随着时间的推移，W老板渐渐坐不住了，他也意识到了时间越来越紧迫，再不出手的话，这批货可能真的卖不出去了。于是，他主动联系Z先生，表示价格可以再商量，降低到35万元。这个价格对Z先生来说可以接受，只是距离理想价格还有点差距，所以他婉拒了W老板的报价，且坚信对方还会联系自己。

果不其然，三天以后，W老板再次打来电话，表示价格降到32万元，但Z先生依旧没有同意。又过了两天，有些厂家开始为新产品打广告宣传，这时Z先生认为最佳时机已到来，于是联系W老板商量购买的事宜。这一次，W老板无奈地答应以30万元的价格成交。

在整个博弈的过程中，Z先生没有过多地说什么，而是有效地利用了时间这一不可再生资源，因为他知道这是对方最大的劣势。所以，Z先生可以在谈判中保持从容镇定，不慌不忙，而随着时间的推进，W老板意识到形势对自己愈发不利，只好被迫接受Z先生的报价。

许多谈判中都有一个试探期，当双方亮出自己的筹码后，会进入一段较长时间的拉锯战。在这个僵持阶段，双方都不会轻易妥协，但随着时间的推移，某一方的时间劣势会慢慢突显，此时就会陷入被动状态中；对另一方而言，时间就成了博弈的利器。这也告诉我们，时间是一个很好的资源，在谈判中合理运用的话，往往能给自己争取到更大的优势。相反，如果先天优势不足（受时间限制），还缺乏调控和应对策略，就会遭受对方的压制。

🦌 73 | 下一个最后通牒：要么成交，要么取消

某商家正在与供应商就产品价格问题进行谈判，供应商认为产品定价为1200元合情合理，而商家的理想价格却是1100元，两者就价格问题产生分歧并进行多次交涉，但每一次都无法谈妥。就目前的状况来说，商家很难再找到这种大规模的供应商，而供应商也很难找到这样一个大买家，双方对这次合作都很看重，但也都没打算让步，就陷入了僵持中。

为了占据博弈的主动权，商家多方对供应商的信息进行收集，结果发现这家供应商的生产成本比较高，扣除各种成本后，按照1200元的价格出售，实际每一件产品的利润大约是300元。换句话说，就算是以1100元的价格出售，他们依然有200元的盈利空间。

反观商家自己，在扣除各种费用后，每件产品的盈利只有150元（按照单价1100元计算），倘若价格上升到1200元，那就意味着单

位产品的盈利只有50元，这样的价格，显然已经触碰到了商家的底线，他没办法让步。商家也猜测到，供应商对于他们的处境，应当也做了同样的调查。在这样的情况下，商家选择了最简单、最直接的博弈策略：下最后通牒，要么成交，要么取消合作。

当供应商接收到这个消息后，第一反应显然是不想失去这个合作伙伴。如果他坚持自己的报价，失去了这单生意，那么收益就是0，这对双方都没什么好处。供应商还知道，商家盈利空间原本就小，不合作造成的损失并不算大，而自己失去这个合作伙伴，却要承受每件产品的盈利从200元降为0的损失。在巨大的压力面前，供应商率先选择了妥协。

最后通牒策略，适用于谈判中占优势的一方，因为承担的风险更小一些，承受的损失也更少一些。为了给对方施加压力，迫使其接受自己的要求，就可以下最后通牒，来制造紧迫感。通常，这也是在交涉的最后阶段才会出现的一个博弈模型，不能说它是优质或明智的，只能说适用于某些特定时刻。在下最后通牒时，要充分分析形势，尽量把握好一个度，不要激怒对方，演变成消极的互动，那样对双方都没有好处。

🦌 74 | 先满足对方的要求，再提高其做出对抗的成本

某公司新招聘了15名员工，这些新员工对于公司的薪水并不太

满意，所以大都揣着"试试看"或"骑驴找马"的心思，并不打算在这家公司长期做下去。如果公司的待遇和发展空间有限，或是有其他工作机会，他们就会跳槽。

公司提供了半年的实习期，且承诺不会强迫他们签合同，还帮助他们在公司附近找到合适的住房。半年后，公司只给这些员工每个月增加1000元的工资，而其他公司在实习期过后会增加1500元左右的工资。新员工们不免有些失落，但这个时候，他们也没吵着要跳槽。原因很简单，虽然公司目前的待遇不太高，可眼下房子不好租，找到一个合适的房子，并不比找一份好工作简单，且代价还很大。

其实，在公司与新员工的这场博弈中，公司的负责人选择了一个巧妙的博弈策略：先顺从对方的要求，顺着他们的想法行事，待对方已经习惯了某个环节、某种做事方式后，反过来提出更多的要求。这个时候，对方想要反抗，但是他会思考反抗成本，并评估反抗行为引发的结果，一旦他们意识到这样做可能要付出很大的代价，就会选择屈从。从一开始，公司负责人为新员工解决租房问题，就等于为日后的谈判增加了一个有利的筹码。

通常，人们在获益后会变得更听话，这不仅仅是因为受到了激励而做出积极反馈，有时更在于担心一旦做出对抗会失去既得的利益。所以，想要在博弈中让对方接受自己的要求，不妨先给予对方一些利益上的满足，创造一些优越的条件。待对方习惯这一切后，再提出自己的要求，此时对方会担心失去已经得到的利益，只能被迫接受条件。事实证明，这种先给予再谈条件的方式，往往比直接向对方提出要求更有效。

需要说明的是，想让给予对方的利益发挥出最大的制约作用，就必须达到一个基本标准，即你所支付的利益要有足够的吸引力，最好是迎合对方的最大需求，或是对其产生很重要的影响。如果所提供的利益不大，或是可有可无，那么对方受到的制约就很小，并极有可能果断地提出拒绝或反抗。此时，这种博弈策略就失效了。

🦌 75 | 利用博弈的先后顺序，为自己制造获胜机会

纳什均衡策略里讲道："给定你的策略，我的策略是我最好的策略；给定我的策略，你的策略也是你最好的策略。"这句话的意思是说：一个人如果能够等到对方先出策略，那么他就可以有针对性地制定出更合理的策略；同理，如果自己先出策略，那么对方也会有针对性地提出更合理的策略。

这里涉及的是信息问题，谁优先掌握更多对方的信息，谁就可以在博弈中掌握更多的优势。与之相关的最典型的博弈案例，莫过于"田忌赛马"：齐王和田忌分别要在上、中、下三等马中各选一匹来比试，一共比试三个回合，并约定每个回合获胜可获奖金一千两黄金。

当时，齐王的每一等次的马比田忌同样等次的马略胜一筹，如果按照正常的逻辑去比赛，田忌肯定要输三次，因而要输三千两黄

金。具体情况，如下所示：

	上等马	中等马	下等马
齐王	95分	85分	75分
田忌	90分	80分	70分
结果	齐王胜	齐王胜	齐王胜

可是结果，田忌没有输，反而赢了一千两黄金。因为，他听了孙膑的建议，按照下面所示的方式去跟齐王的马进行比赛：

	齐王	田忌	结果
第一场	上等马95分	下等马70分	齐王胜
第二场	中等马85分	上等马90分	田忌胜
第三场	下等马75分	中等马80分	田忌胜

纵观整个赛马故事，我们不难发现：孙膑的博弈策略是用自己的最弱点与对方的最强点相对，用自己的强点与对方的弱点去比较，这属于典型的非对称竞争。

当然，在现实生活中，这样的理想状态是很难出现的，因为齐王不太可能让田忌了解自己的决策信息，多数博弈策略都是在保密的情况下进行的。在保密的情况下，齐王有六种派出赛马的方式：上中下、上下中、中上下、中下上、下中上、下上中；田忌也有六种派出赛马的方式：上中下、上下中、中上下、中下上、下中上、下上中。

在所有的策略对决中，田忌不占优势，获胜的概率很小。当齐王按照"上中下"的顺序派出赛马时，田忌唯一能够取胜的机会就是"下上中"这个派马顺序。以此类推，每次齐王按照某一顺序赛马时，田忌也只有一种机会获胜。所以，田忌想要获胜，最为关键的因素就是顺序，且还要确保后发制人，如果是自己先出手的话，就可能被对方牵制或克制。

如果是企业之间的博弈，在整体实力明显不如对手时，不能以各个资源硬碰硬地对决，而是要先优化自己的配置，比如对方某方面的优势比较突出，自己很难赶上，那就干脆把资源投放在其他方面，确保在其他方面领先于对手，用不对称竞争的方式为自己制造获胜机会。

🦌 76 | 不必跟短板死磕，可以最大限度地利用优势

管理学中的木桶理论，相信大家都有所了解，即木桶的盛水量不是取决于最高的那块木板，而是取决于最短的那块木板。所以，想要增加木桶的盛水量，就得把最短的那块木板替换成更长一些的木板。

木桶理论告诉企业或团队，决定自身发展上限和竞争力的不是那些所谓的优势项目，而是那些最薄弱的点。倘若把大部分资源都集中在强势的点上，而忽略了对弱点进行补救，那么整体的竞争力也很难得到提升。所以，为了在博弈中不给对方留下把柄，人们往

往会选择弥补弱点，确保获得更大的优势。

这样做真的是最合理的选择吗？未必。想象一下：如果木桶不是放在平地上，而是放在一个斜坡上，那么决定盛水量的就不再是那块短板，而是最长的那块木板了。所以说，木桶理论只适用于常规环境下的博弈，有完善的游戏规则，博弈者能够在成熟正规的市场竞争中把握自身的优劣势；而在不规则、不完善的市场环境下，没有完善的游戏法则来支撑和管理，博弈者就需要发挥主动性，利用一些规则来发挥自己的优势，或是利用优势来弥补不足，继而创造出能够最大限度地利用优势的环境。

无论是企业还是个人，如果自身的弱点非常明显，那就无法在常规的竞争中获胜。毕竟，要弥补弱点不是短时间内可以实现的，要更快地摆脱困境，就得学会为自己创造出一个斜坡，确保自己与竞争者之间的博弈关系建立在一个不规则的体系中，继而掌握主动权。简单概括就是，与其苦苦地与短板死磕，不如多关注自身优势、扬长避短，成为领域内的博弈赢家。

🦌 77 | 保持倾听的姿态，柔和稳妥地掌握主动权

在职场关系中，管理者是拥有权力的博弈方，因此在探讨问题的时候，不少管理者都喜欢把自己的想法强行灌输给被管理者，根本不管对方说了什么，提了哪些有益的建议。很显然，他们忽略了

一个事实：任何提出意见或建议的下属，都希望自己获得重视，都希望提升自己的存在感。如果过度压抑他们的这种需求，那么随之而来的反弹就会更大。起码在执行命令的过程中，他们的状态会受到很大的影响。

实际上，管理者可以采用另外一种相对柔和而稳妥的策略，那就是倾听。作为倾听者，看似在博弈中是被动的，其实是掌握了主动权。如果对方提出的观点是对的，那倾听者就可以顺理成章地采纳这个观点，两者皆大欢喜；如果对方的观点不合理或不适应，倾听者就算不采纳这个观点，但倾听这一行为本身能让对方感受到尊重。

假设每位下属都有服从指令和提出建议的权利，而管理者拥有倾听和独裁的权利，那么双方在沟通时就会出现以下四种情况：

· 下属提出建议，管理者反驳，坚持自己的想法

· 下属提出建议，管理者认真倾听

· 下属服从指令，管理者按照自己的意愿行事

· 下属服从指令，管理者不做任何表态

当下属提出建议时，管理者保持认真倾听的姿态，对彼此的关系最有利，下属对管理者的好感也会增加，管理者给予员工的尊重也得到了体现。仅仅从双方关系维护的角度看，这种策略是最合理的。对管理者而言，这一策略的优势更大，既可以避免冲突，还能获得对方的信任，这是解决分歧的重要前提。

事实上，对很多下属而言，自己的想法和建议是否真的被采纳并不是那么重要，他们更加看重的是自己有没有机会表达这些想

法。上司或老板愿意认真倾听，就会让他们感觉自己被尊重，像是得到了一种精神支持。

所以说，倾听是一种柔和稳妥的博弈策略，你让对方在表达中获得尊重，发现自身存在的价值，会让他们得到安全感和归属感，减少抱怨和对抗，更加认真地服从指令去执行任务。

🦌 78 | 没能力买鞋时，借鞋也比赤脚走路好得多

一个孩子在院子里搬石头，父亲在旁边鼓励他："孩子，只要你全力以赴，一定能搬得起来。"可惜，石头太重了，孩子最终也没能搬起来。他跟父亲说："石头太重了，我已经尽全力了。"父亲摇摇头，说："你没有尽全力。"孩子不解，父亲笑着说："我就在你旁边，你都没有想过请求我的帮助。"

要做成一件事情，需要尽力，但谁又规定只能用自己的力呢？生活中存在各种各样的竞争，有时看似只是两个人之间的博弈，实则考验的是对周围一切条件和资源的利用。如果你想胜出，那就必须在最短的时间里占据有利的条件和资源。在很多人看来，实现这个目标太难了；但对另一些人来说，却是易如反掌。两者的差别并不在于个人力量的强弱，而是在同等努力的条件下，后者更善于借助外力。

英国大英图书馆是世界上著名的图书馆，藏书丰富。有一次，

图书馆要搬家，也就是说要从旧馆搬到新馆去，结果一算，仅仅搬运费就要几百万，图书馆根本无力支付。怎么办呢？有人给馆长出了一个好主意。

很快，报纸上就刊登了一则消息：即日开始，每个市民可以免费从大英图书馆借10本书。结果，市民们蜂拥而至，没几天就把图书馆的书借光了。书借出去了，怎么还呢？请读者们到新馆还书。就这样，图书馆借用市民的力量搬了一次家。

古语云："他山之石，可以攻玉。"一个人的力量是有限的，必要的时候不妨巧妙地借助他人的力量，把他人的优势"嫁接"过来，这样如虎添翼，为自己赢得更多的胜算。

美国有一个名叫约翰逊的黑人，曾经创建了一个黑人化妆品公司，当时公司只有500美元资产和3名员工。人们在购买化妆品的时候非常注重产品的声誉，这种情形对于名气不大的黑人化妆品公司很不利。不过，约翰逊不甘心就这样承认失败，他一直想办法扭转这一局面。

当时，美国化妆品行业的泰斗是佛雷公司。约翰逊在生产出一种"粉质化妆膏"的产品后，决定借助佛雷公司的名声顺势上楼。于是，约翰逊精心设计了这样一句广告词："当你用过佛雷公司的产品化妆之后，再擦上一层约翰逊的粉质化妆膏，将会达到意想不到的效果。"这种做法令人感到意外，这不是在给别人做广告吗？可是，约翰逊的创意就在这里。

如果你是一个普通人，而且没有出任何意外，那么人们很少会注意到你。但是，如果你和总统站在一起，人们势必会打听你的名字。约翰逊设计的广告播出之后，引起了很大的反响。"粉质化妆膏"很快就为人们所接受，因为它是和佛雷这一令人信赖的品牌一起出现的。可以说，佛雷的名誉就是约翰逊产品的一架梯子，让它直上云霄。

当我们没有能力买鞋子的时候，可以向别人借，这样总比赤脚走路要快得多。当你有丰富的知识，但在资金方面存在不足时，你也可以去借；当你有了充足的资金创业，却没有专业的知识的时候，也别轻易放弃，你没有的东西都可以去借，借资金、借技术、借信用、借名气、借人才，等等。杜鹃都可以借巢孵卵，保证后代的繁衍，我们当然也可以借梯登楼。只要有心，身边总能找到助我们成功的"他山之石"。

🦌79 | 及时做出调整改动，打乱对方的部署

在不少重要的博弈中，我们可能意识不到对方说的每句话、传达的每一个理念，可能都是事先部署好的。如果顺着对方的思路

走，往往就会陷入被动中。这是因为，我们很容易被"既定印象"影响，即认定了一件事就要坚持做下去，毕竟"要不要改变决策"这个心理过程会让人感到纠结和痛苦。

话说回来，如果不能及时地做出调整和改变，我们就不可能打乱对方的精心部署，最后的结果往往就是在博弈中遭受惨痛的失败。显然，这不是我们想要的结局。权衡利弊，较为明智的选择还是要打破"既定印象"，拿出超越常规的勇气，为自己争取一把。

赵某在一家合资广告公司担任创意总监，他的能力和才华有目共睹，处理工作也是游刃有余。可是，刚入职的那一年，赵某的日子却并不好过。他性格耿直，因此得罪了不少人，其中也包括他的顶头上司。有一段时间，只要公司有会议，赵某就会被劈头盖脸地训斥一通。

年轻气盛的赵某觉得很窝火，不想忍受这份气，决定过了春节假期就辞职。然而，就在春节期间，他去拜访自己的恩师时，脑子里对这件事的想法产生了一些微妙的变化。

在跟恩师谈及工作的问题时，赵某把自己的困惑如实说了出来。恩师听完后，情绪很平静地说："如果你就这样走了，那就没办法给自己洗白，也更让上司看不起你。为什么不试试改变一下策略呢？想办法用你的工作业绩说话，那样还会被压迫吗？据我所知，那家公司还是很有名的，从中汲取有益的东西，让自己变得更强大，才是最重要的事啊！"

恩师的话提醒了赵某，他改变了春节后辞职的想法。重回岗位后，他开始调整自己的心态和工作态度，面对上司的刁难，他也积极想办法应对。就这样，他用兢兢业业的态度和全公司有目共睹的业绩，堵住了上司的口，并赢得了公司高层的认可。

几年后，赵某成了公司的创意总监。

在人际关系或是谈判博弈中，不要害怕做出改变。面对对方的精心部署，及时调整，重新制定策略，不仅会让对方措手不及，还能让自己占据更有利的位置，甚至有意外的收获。

🦌 80｜醉翁之意不在酒，适时使用迂回策略

有一年，湖南某雕刻工艺厂同时接到三家公司发出的合作邀请，他们都想从这家公司订货，其中一家还要求包销该公司的所有木雕产品。遇到这样的情况，刘厂长并没有多高兴，他反而认为情况有点异常，提高了警惕。他没有立刻与对方签合同，而是开始对这一反常情况进行了解。

刘厂长经营的这家雕刻工艺厂本来都濒临倒闭了，而这三家提出合作的公司之前都是在韩国、中国台湾地区进货，他们怎么突然要跟自己合作呢？原来，他们得知刘厂长的雕刻工艺厂所使用的木材质量好，其工匠的手艺也很出色。

对雕刻工艺厂来说，能跟这三家公司中实力最强者合作，自然是最好的结果，但如果直接去跟对方谈判，价格肯定不会太高。所

以，刘厂长选择了迂回策略，先跟另外两家小公司谈判，在谈判中把自己的产品与韩国、中国台湾地区的产品进行详尽比对，突显产品优势，从而提高价格。

通过谈判，价格达到雕刻工艺厂的预期，另外那家大公司看到这种情况，主动来找刘厂长，表示愿意按照和那两家小公司谈妥的价格，大批量地进货。为了垄断货源，他们直接签订了比两家小公司高出几倍的订单额。

刘厂长的目标并不是想跟那两家小公司合作，而是瞄准了实力最强的那家大公司。只不过，直接提出和对方合作，对方在报价上就占据了优势。即便是展开合作，雕刻工艺厂也等于把好货卖出了次价。所以，刘厂长设置了一个"醉翁之意不在酒"的策略，故意先跟小公司合作，让大公司着急，然后主动找上门来。如此一来，雕刻工艺厂就占据了主动权，大公司在有竞争对手的情况下，必定要拿出更多的诚意，来达到合作的目的。

在谈判中，想把迂回策略用好，先得做到知己知彼，充分了解情况。有些博弈者在这个过程中忽略了对自己的了解，这是有风险的。我们可以看看刘厂长的做法，他先了解对方寻求合作的原因，又了解自己产品在市场中的定位，从已知信息中得知自己的优势，以及提升价格的筹码，同时也发现了对方的劣势和让他们形成竞争的理由。事实上，也只有这样，我们才能够在谈判中用恰当的方法，把产品卖出满意的价格。

Chapter8

知 进 明 退 : 及 时 止 损
也 是 一 种 赢

🦌 81 | 妥协不意味着放弃，而是为了更好地前进

在不了解博弈论的时候，很多人都下意识地认为，谈判只有两个结果：我赢你输，你赢我输。实际上，除了这两种结果以外，还有第三种选择，在妥协中实现双赢。

当年，中国加入世贸组织的谈判，就是一个"妥协"的过程。作为发展中国家，当时我们在很多方面与世贸组织中的发达国家相比，都存在不小的差距，这就导致谈判出现了诸多分歧，没有一方愿意主动放弃利益。

中方谈判代表龙永图认为，要敢于妥协，甘于妥协，妥协的结果是双方都得到好处。做到妥协的第一步，是正确认识到谈判是为了达到双赢，没有一个国家是为了对方的利益而坐到谈判桌前的，即便迫使对方完全输掉，这样的合作也只是暂时的；做到妥协的第二步，是了解对方的利益诉求，不能完全考虑自己，毕竟，博弈不是一个人的游戏。

加入世贸组织的谈判，双方都要有妥协，既然如此，为什么双方不在一开始就直接这样做，非要耗上几个月甚至更长的时间呢？这是因为，谈判是一个相互试探和摸底的过程，要一点一点地了解对方的真实情况和底线，在双方一步步的退让中找到一个最佳分割点，才能实现真正的双赢。

所以说，谈判的过程也是妥协的过程，这份妥协不是为了输或

放弃，而是为了寻找更适合解决问题的策略。这就好比，两个人在独木桥上相遇，谁都不肯让步，两个人都没办法通过，耽误的是大家的时间；如果为此争执，两人可能都会掉进河里；倘若一个人退回，让另一个人先走，看似他在这场博弈中输了，但两个人都能以最快的速度过桥。恰如一句话所言："妥协是双方或多方在某种条件下达成的共识，在解决问题上，它不是最好的办法，但在没有更好的办法出现之前，它却是最好的办法。"

当然了，选择妥协策略也要讲章法：首先，在妥协前明白自己的"底线"，第一次报价或还价要离报价远一点，给自己留出多一点余地；其次，妥协是为了达成合作，让利只是手段，但不是唯一的手段，还可以在其他方面做出让步；再次，不要一味地退让，妥协是双方面的，如果只是单方拿出诚意，那么在今后的合作中，让步的一方就很容易陷入被动中。

🦌 82 | 该割舍时别舍不得，认赔服输是一种智慧

你有没有遇到过这样的困惑：为了某一件事情倾注了大量的心血，进行到一定程度的时候，却发现不宜继续下去了，然而，苦于各种原因不得不将错就错，继而陷入了一种欲罢不能、骑虎难下的境地？此时，你实在不知道该如何抉择，就只好守着眼下的境遇得过且过。

这并非你个人的问题，而是大多数人的通病，博弈论中将这种情况称为"协和谬误"，它体现的是一种矛盾犹疑的心理博弈。陷入这样的矛盾中，人很容易丧失理性，冲动地做出决策。

"协和谬误"的说法，与20世纪英国和法国联合研制协和飞机有关。

20世纪60年代，英法两国政府联合投资开发大型超音速客机，即协和飞机。该种飞机机身大、装饰豪华且速度很快。这一开发可谓是一场豪赌，当时设计一个新引擎的成本就高达数亿元。政府高度关注此项目，竭力要为本国企业提供大力支持。

项目开展不久，英法两国政府发现：继续投资开发这样的机型，花费会急剧增加，但这样的设计定位是否能够适应市场，暂时不得而知。可是，要停止研制也很可怕，先前的投资将付诸东流。随着研制工作的深入，他们更是难以做出停止研制工作的决定。协和飞机最终研制成功了，但因为飞机存在的耗油大、噪声大、污染严重、运营成本太高等一系列问题，不适宜进入市场竞争，英法政府为此蒙受了巨大的损失。

其实，在研制的过程中，如果英法政府能及早放弃，是可以减少损失的。但他们没有那么做，到后来因为飞机出现种种问题，才宣布协和飞机退出民航市场，依然是无奈之举。可见，当人们决定是否继续做一件事情的时候，不仅仅是看这件事对自己是否有益，还很在意自己在这件事情上是否有过投入。

有位母亲希望自己的孩子学习音乐，就给孩子买了一架小提琴。可惜，孩子生性好动，喜欢体育运动，对音乐完全无感，根本就不愿意碰小提琴。可母亲却觉得，乐器都买好了，如果孩子不学，那就太可惜了。

为了让孩子喜欢上音乐，母亲还特意请了一位音乐学院的小提琴老师，给孩子进行专业辅导。然而，这样的良苦用心并没有让母亲如愿，孩子依旧对音乐不感兴趣。母亲每个月支付着昂贵的家教费，可孩子的小提琴水平没有得到多少提高。半年以后，这位母亲不得不放弃。

小提都买了，不报课太可惜。

纵观整件事情：母亲一开始是为了不浪费购买小提琴的投入，强迫孩子去学，到最后却浪费得更多。这就是协和谬误在现实中的呈现，当我们对某件事情投入了精力或成本后，如若没有看到结果，我们选择的不是停止投入，而是继续投入。究其原因，不全是因为不理智，更多的是陷入了欲罢不能、进退两难的心理困境。

在日常的工作、生活、学习中，类似协和谬误的情形并不鲜见，比如炒股、择业、投资等都会经常有类似的情况，能够因祸得福的往往都是小概率事件。如果对此不加以理性地分析，始终不愿割舍之前的投入和付出，抱着侥幸心理，或者自欺欺人地去盲目追求可能性非常小的收益，其结果只能是在同样的事情上付出更大的成本。

协和谬误告诉我们：在开始做一件事情之前要慎重考虑，在掌握了足够信息的情况下，对可能的收益和损失进行全面的评估；一旦发现事情发展的势头不好，要勇敢地承认现实，认赔服输，避免更大的损失。

🦌 83 | 不能只顾着沉没成本，还要考虑机会成本

协和谬误之所以会发生，主要源自两个问题：一是损失憎恶，二是沉没成本。

所谓"损失憎恶"，实质就是害怕浪费资源；而"沉没成本"，就是那些已经发生的、不可收回的支出，如时间、金钱、精力等。在正式完成一项任务之前，我们都会投入成本，如果没有得到好的结果，之前的一切就等于白费了。我们常常会因对沉没成本感到惋惜和眷恋，选择继续原来的错误，不料却陷入更深的坑洞，损失得更多。

A每天都要搭乘公交车上班，从他家到公司有两个选择：一是直接坐公交车，但不能直达公司，还要走一段路，必须经过一个超市和一个早市，大约需要10分钟；二是走到街角，大约30米开外，搭乘小巴直接到公司。由于A每天要带便当和电脑，穿过早市很不方便，所以他通常都会选择第二种方式出行，即乘坐小巴直达公司。

一天早上，他在小巴站点等车。小巴每次发车的间隔时间较长，也不太准时，他等了很久，依然不见小巴的影子。他心想：已

经等了这么长时间，就再等等吧！凭经验，如果能在7点40分坐上小巴，一般是不会迟到的。

继续等，还是打车？

时间很快就到了7点40分，小巴还是没来。他只好选择坐出租车，可到了这个时候，出租车也不多了。更倒霉的是，虽然最后搭上了出租车，可还是迟到了。结果就是，他不仅花了打车的钱，还失去了全勤奖。

从理性的角度来说，我们不应该在决策时过多地考虑沉没成本。

2000年12月，英特尔公司决定取消整个Timna芯片生产线。Timna是英特尔公司专为低端PC设计的整合型芯片。启动这个项目时，公司认为今后计算机减少成本可通过高度集成的设计来实现，因而希望开发出整合型芯片，以适应未来市场的需求。

然而，后来的PC市场发生了巨大的变化，PC制造商通过其他系统降低了成本，整合型芯片并没有如预期那般获得大量的市场需求。英特尔公司认清了这个现实，果断地停止了Timna项目，避免了更大的支出。

在博弈场上，每一个决定做出后都很难收回。正所谓：开弓没有回头箭。如果决策是错的，最好的办法就是"壮士断腕"。这一点，不管是在政坛、商场，还是在工作、生活中，都是适用的。对待那些无法挽回的损失，我们应当抱持一份平和的心态，不要因为不甘心而投入更多无效的成本，徒然地增加损失。

诺贝尔经济学奖得主、美国经济学家斯蒂格利茨曾经做过一个比喻："假如你花费7美元买了一张电影票，你会怀疑这个电影是否值7美元。看了半小时后，你最担心的事得到了证实：影片糟糕透了。此时，你应该离开影院吗？在做这个决定时，你应当忽略那7美元，它是沉没成本，无论你离开影院与否，钱都不能收回。"

斯蒂格利茨用了一个非常简单的例子告诉我们什么是沉没成本，同时，他也指明了对待沉没成本当持有的态度，那就是忽视它、舍弃它！因为除了沉没成本，我们还要考虑到机会成本。所谓机会成本，就是指因为做一件事情而失去做另一件事情的机会。沉没成本是显性的，机会成本是隐性的，我们通常会因为过于关注沉没成本而忽视机会成本。

当我们面临艰难的抉择，考虑该不该放弃时，不妨分析一下沉没成本和机会成本。在权衡取舍中，理性选择倾向于机会成本低的东西，而放弃机会成本高的东西。可以说，人在决策时考虑到机会成本，这个决策会更加理性、明智。

🦌 84 | 放弃错误的坚持，半途而废不总是坏事

假如你是一家科学仪器公司的总裁，正在进行一个新的仪器开发项目。据你所知，另外一家科学仪器公司已经开发出了类似的仪

器，通过那家公司的仪器在市场上的销售情况可以预计，如果继续这个项目，公司有将近90%的可能性损失500万，有将近10%的可能性赢利2500万。到目前为止，项目刚刚启动，还没有花太多钱。从现阶段到产品真正研制成功投放市场，还需要耗资50万。你会选择继续坚持，还是现在就放弃？

选择做这个项目，有10%的可能性会赢利2500万，有90%的可能性会损失500万，且该项目还没有投入太多资金。面对这样的情形，多数人都会选择放弃。然而，当事情变成了下面的状况时，你还会做出同样的选择吗？

你依然是这家科学仪器公司的总裁，对于新仪器的开发，你们已经投入了500万，只要再投入50万，产品就能研制成功，正式上市了。成败的概率和上面的案例相同，你会选择坚持做下去，还是放弃呢？

把这两道题给一些企业的负责人来做，对于第二道题，绝大多数人给出的回答都是"继续投资"。他们认为已经投入了500万，再怎么样也要试试看，说不定运气好可以收回成本。然而，懂得沉没成本的人也许会明白：为了已经沉没的500万，有90%的可能非但收不回原来的投资，还会再赔上50万！

沉没了的成本，很像是一根"鸡肋"，食之无味，弃之可惜。问题是，为什么人有时会犯"执迷不悟"的错误，甚至在撞了南墙之后，还不死心呢？心理学研究表明，人天生有一种想把事情做完满的内在冲动。比如，你试着去画一个圆，在最后留下一个缺口，再看这

个图案时，是不是总想把这
个圆完成？这就是"蔡戈尼
效应"。

　　1927年，心理学家蔡戈尼做了
一个试验：甲乙两组受试者，同时演
算相同的并不十分困难的数学题。甲
组一直演算完毕，中途并未受到
干扰；乙组在演算途中被要求停
止，而后要求两组受试者分别回忆
演算的题目。结果，乙组的记忆成绩明显优于甲组。

　　人们在面对问题时，往往全神贯注，一旦解开了就会松懈下
来，因而容易忘记。对于解不开或未解开的问题，就想要尽一切办
法完成它，因而问题一直在脑海中徘徊，难以忘记。在博弈中，这
种心理效应对我们的负面影响非常大。一直以来，我们都被教导
"坚持就是胜利"，但对于某些事情，坚持未必有结果，半途而废
也不总是坏事。学会审时度势，看清问题的实质，放弃错误的坚
持，就是赢的起点。

🦌 85 | 必须取舍时别犹豫，丢车保帅是理智之举

　　有一种体积很小的海洋软体动物海参，身上长满了肉刺，主要

以海底藻类和浮游生物为食。与海里的那些庞然大物相比，它们微不足道，但有一种"特异功能"：在遇到庞大的对手时，瞬间把自己的五脏从体壁的裂口抛出来，然后快速地躲进洞穴里。丢了肠肚的海参，并不会就此死去，它在洞里休息几十天，肚子里还会长出新的五脏。

对海参来说，抛出肠肚的行为并不会让它真的死去，那不过是关键时刻保命的一种手段。自然界中还有一些动物，也懂得运用这个策略，比如壁虎，遇到危险的时候，它会咬断自己的尾巴，给自己一个求生的机会。

从动物的行为中，我们能领悟到很多东西。人生最痛苦的时候莫过于选择，因为有选择就有放弃。对个人来说，如何选择是一种感情的考验，更是一种智慧的考验。象棋上有一招叫"丢车保帅"，海参和壁虎的逃生方式，就是这一策略的现实版本，即舍弃一些相对次要的东西，维护相对重要的东西。尽管有时是无奈之举，却不失为一种保全大局的智慧。

生活中总有很多事情需要做出决定，而且每个决定都很重要。如果同时有好几个问题摆在你眼前，都需要第一时间得到解决，你该怎么办呢？这个时候，一定要选定一个最重要的决定，然后集中精力去做这个决定。其他的决定对你而言也很重要，但若时间不允许，那就要学会放弃。

博弈中的赢家，多半都是充分运用脑力进行有效思考的人。可能你过去没有注意过这一方面，甚至认为这并不重要，那是因为你还没有遇到一些繁杂的问题。当你面临一个重大决策的时候，如果你没有习惯规划脑力资源，就可能无法做出决定，甚至做出错误的决定。

　　人生如棋，一着不慎，满盘皆输。为了保住帅，暂时丢掉车并不可惜，因为你还有取胜的机会。若是不舍得牺牲小利，到最后可能大利和小利全都错失了。生活最考验人的地方，不是如何做赢家，而是如何取舍，避免让自己落得一败涂地。只要青山还在，不愁没有柴烧。

🦌 86 | 覆水难收就不必再收，否则就会因小失大

　　母亲让孩子拿着一个大碗去买酱油。孩子到了商店，给了卖酱油的人2毛钱，酱油装满了整个碗，但打酱油的舀子里还剩下一点儿。卖酱油的人问这个孩子："剩下的这点儿酱油，往哪儿倒呢？"

　　孩子说："您往碗底倒吧！"说着，孩子把装满酱油的碗倒了过来，用碗底的凹槽装回剩下的酱油。碗里的酱油全都洒在地上，可这孩子却全然不知，端着碗底的那点儿酱油回家了。他心里还颇为得意，想着母亲会称赞他机灵，把碗的上下都给利用上了。

　　回到家后，妈妈问他："孩子，2毛钱就买这么点儿酱油吗？"

　　小孩得意地说："当然不是，碗里装不下，我把剩下的装碗底了，你看……"说着，他又把碗翻过来，结果碗底的那点儿酱油也

Chapter8

都洒了。

当局者迷，旁观者清。看故事的时候，人们大都能够清醒地认识到，这孩子企图把碗的全部空间都给用上，把所有酱油带回家，其实是捡了芝麻丢了西瓜。然而，置身于现实的情境中，很多人却会忘了这个故事，不自觉地犯和故事中的小孩一样的错误，企图把所有的赢利空间都利用上，尽可能多地获得一些东西。

做任何事情都是有成本和代价的，用碗底装酱油的代价就是，把碗里的酱油都洒了。但既然错误已经发生了，酱油也洒了，接下来要做的就是保护好碗底的那点酱油。遗憾的是，很多人在这样的情况下，又会犯和故事中的小孩一样的错误，由于无知或想要挽回错误的冲动，把碗翻过来看，结果碗底的那点儿酱油也洒了。

这个故事告诉我们：在人生这场博弈中，有些"酱油"洒掉了，无法挽回，最明智的选择是抑制住自己把碗再翻过来的冲动，避免失去更多。人非圣贤，孰能无过？做错了一件事，在检讨过后，全力以赴地去做下一件事就好了。